Negin Khomarlou

Atividade antibacteriana e antioxidante do Chenopodium album striatum

Negin Khomarlou

Atividade antibacteriana e antioxidante do Chenopodium album striatum

Imprint

Any brand names and product names mentioned in this book are subject to trademark, brand or patent protection and are trademarks or registered trademarks of their respective holders. The use of brand names, product names, common names, trade names, product descriptions etc. even without a particular marking in this work is in no way to be construed to mean that such names may be regarded as unrestricted in respect of trademark and brand protection legislation and could thus be used by anyone.

Cover image: www.ingimage.com

This book is a translation from the original published under ISBN 978-3-659-95441-2.

Publisher:
Sciencia Scripts
is a trademark of
Dodo Books Indian Ocean Ltd. and OmniScriptum S.R.L publishing group

120 High Road, East Finchley, London, N2 9ED, United Kingdom
Str. Armeneasca 28/1, office 1, Chisinau MD-2012, Republic of Moldova, Europe
Printed at: see last page
ISBN: 978-620-7-94925-0

Índice:

Avaliação da atividade antibacteriana contra a resistência a múltiplos fármacos (MDR)

Bactérias e efeitos antioxidantes do extrato etanólico e das fracções de

Chenopodium album (subsp *Striatum*)

Negin Khomarlou[1] , Parviz Aberoomand-Azar*[1] , Ardalan Pasdaran Lashgari[2] , Ali Hakakian*[3] , Reza Ranjbar[4] , S. A. Ayatollahi[5]

[L] Departamento de Química, Faculdade de Ciências Básicas, Secção de Ciência e Investigação de Teerão, Universidade Islâmica Azad, Teerão, Irão.

E-mail:negin.khomarlou@gmail.com

[2'] Departamento de Farmacognosia, Escola de Farmácia, Centro de Investigação e Desenvolvimento de Plantas e Química Medicinal, Universidade de Ciências Médicas de Guilan, Rasht, Irão.

[3-] Membro do corpo docente do Complexo de Produção e Investigação do Instituto do Pasteur do Irão.

[4-] Centro de Investigação em Biologia Molecular, Universidade de Ciências Médicas de Baqiyatallah, Teerão, Irão.

[5] -Centro de Investigação em Fitoquímica e Departamento de Farmacognosia, Universidade de Ciências Medicinais Shahid Beheshti, Teerão, Irão.

Resumo

O Chenopodium album (subsp *striatum)* é um medicamento popular e nutritivo que pertence à família Chenopodiaceae e é amplamente utilizado como agente antimicrobiano. O objetivo do presente estudo é avaliar o potencial antibacteriano *in vitro* contra bactérias multirresistentes (MDR) isoladas de espécimes clínicos, a atividade antioxidante, o teor de fenólicos totais e de flavonóides totais do extrato etanólico bruto e de nove fracções diferentes de *C.album* (subsp *striatum).* A atividade antibacteriana *in vitro* foi avaliada contra oito bactérias multirresistentes com base na concentração inibitória mínima (CIM) e na concentração bactericida mínima (CBM), nos métodos de difusão em disco e em poço de ágar. A propriedade antioxidante foi avaliada pela atividade de eliminação do radical 1, 1-difenil-2-picril-hidrazil. O teor de fenóis totais foi medido pelos ensaios de Folin-Ciocalteu e AICI3. Os nossos resultados mostraram que a fração MeOH: H2O com uma proporção de 80:20 (mais polar) teve o efeito antimicrobiano mais elevado em oito bactérias multirresistentes (CIM: 0,152,5 mg/ml, MBC: 0,31-5 mg/ml e teve as zonas de inibição mais elevadas (poço: 24,33±0,57 mm e disco: 26,33±1,53 mm). No ensaio antioxidante, a fração MeOH: H2O também apresentou a maior atividade de eliminação de radicais [atividade antioxidante = 95,1±2,13 por cento]. A quantidade de fenol e o teor de flavonóides do extrato etanólico bruto e da fração mais polar foram os mais elevados [(0,892±0,011, 0,865±0,010) mg/ml e (4,873±0,029, 4,535±0,025) mg/ml]. De acordo com os nossos resultados, *o C.album* (subsp *Striatum)* tem o maior potencial para ser considerado um agente antibacteriano (contra a estirpe de bactérias MDR) e antioxidante, mas deve ser realizada mais investigação *in vivo* e o isolamento de compostos puros para descobrir os modos da sua ação e para esclarecer os efeitos.

Palavras-chave: *Chenopodium album* (subsp *striatum)',* Atividade antibacteriana; bactérias multirresistentes (MDR); Efeito antioxidante, Teor de fenólicos; Teor de flavonóides.

Capítulo 1

1. Introdução

Ao longo das últimas décadas, a utilização de plantas tradicionais para fins medicinais fornece uma base para a utilização de plantas específicas para condições medicinais específicas. Os medicamentos obtidos a partir de extractos de plantas continuam a fornecer cobertura de saúde a mais de 80% da população mundial, especialmente nos países em desenvolvimento [1]. A importância das plantas e dos extractos de plantas, devido às suas propriedades terapêuticas, tem crescido tremendamente nos últimos anos, porque têm várias vantagens, tais como eficácia, segurança, aceitabilidade cultural, melhor compatibilidade com o corpo humano e menos efeitos secundários. Namdo afirmou que cerca de um quarto de todos os produtos farmacêuticos prescritos nos países avançados contêm compostos que são direta ou indiretamente derivados de plantas [2]. As plantas medicinais são utilizadas há séculos como remédios para as doenças humanas. Hoje em dia, existe um interesse generalizado pelos medicamentos derivados de plantas, e é referido que a medicina verde é segura e fiável porque contém componentes e metabolitos secundários, como polifenóis, alcalóides, óleos voláteis, etc., que têm propriedades terapêuticas, pelo que a formulação de plantas para normalização e regulamentação de produtos fitomedicinais é a forma mais alternativa [3],[4],

Por outro lado, nos últimos anos, a resistência aos antibióticos tornou-se um problema grave e generalizado nos países em desenvolvimento e resulta da utilização inadequada, abusiva e excessiva de antibióticos, causando mortalidade todos os anos [5], [6]. A emergência global de bactérias resistentes é o resultado da ineficácia dos actuais antibióticos e medicamentos, causando o fracasso do tratamento [7]. Por conseguinte, tem havido um interesse crescente na utilização de terapias alternativas e na utilização terapêutica de produtos naturais, especialmente de plantas medicinais [3].

A formação de radicais livres é o resultado do metabolismo normal das células aeróbias. O consumo de oxigénio no crescimento celular leva à produção de radicais livres de oxigénio [8]. Infelizmente, os radicais livres estão envolvidos em vários tipos de doenças, como o cancro, a hipotensão, a diabetes e doenças neurológicas como o alziemr [9], [10].

Recentemente, tem-se concentrado um grande interesse em agentes antibacterianos e antioxidantes de base natural que desempenham um papel importante na inibição do crescimento de microrganismos e na formação de radicais livres e reacções oxidativas em cadeia [11].

A família das *Chenopodiaceae* é uma das maiores famílias (família dos pés de ganso) de plantas com flor e anuais, que se encontra amplamente distribuída por todo o mundo, desde as zonas moderadas e subtropicais até às regiões áridas e salinas. O Irão, com uma superfície de 1.648.000 km^2 , tem uma grande área de pastagens salinas e áridas. Devido à dureza e ao ecossistema halófito, pode proporcionar uma condição adequada para o crescimento e o cultivo de muitas espécies de plantas, como o *C.album* (subsp *Striatum)* [12]. Esta família é constituída por 104 géneros e mais de 1400 espécies [13]' [14]. *A C.album* é conhecida por ser uma fonte rica em flavonóides, glucósidos, terpenóides e ácido fenólico. As folhas da planta são ricas em carotenóides e as suas sementes em proteínas e gorduras [15, 16]. Muitas espécies de *Chenopodium* foram registadas com inúmeras propriedades medicinais, tais como antipruriginosas, antibacterianas, antifúngicas e anticancerígenas, mas não existem relatórios sobre o estudo destas propriedades em subespécies de *Striatum* e estirpes de bactérias MDR [17], [18]. Estudos anteriores revelaram a presença de flavonóides, alcalóides, fitoesteróides, etc. [19], [20].

O presente estudo foi concebido para determinar o papel do extrato bruto etanólico e das fracções polares e não polares do *C.album* (subsp *Striatum)* em termos de potencial atividade antibacteriana, de acordo com protocolos normalizados, através de testes MIC, MBC e método baseado em ágar contra alguns microrganismos MDR seleccionados como bactérias gram-positivas e gram-negativas: *Staphylococcus aureus, Escherichia coli, Shigella flexneri, Shigella sonnei, Shigella dysenteriae, Salmonella typhimurium, Salmonella enteritidis* e *Salmonella infantis* e também a determinação da capacidade antioxidante do extrato e da fração da planta com base no método DPPH e nos teores totais de fenóis e flavonóides.

O objetivo deste estudo foi analisar a atividade antibacteriana *in vitro* e o efeito antioxidante do *C.album* (subsp *Striatum)* como fontes potenciais de agentes antimicrobianos e antioxidantes naturais.

Capítulo 2

2. Materiais e métodos

2.1. Material vegetal

Através de amostragem aleatória, foram recolhidas partes aéreas saudáveis de *C.album* (subsp *Striatum)* na planície de Qazvin, perto de Almut (setembro de 2016). A planta foi identificada pelo Laboratório de Fisiologia Vegetal e os espécimes foram confirmados e depositados no Herbário (n.º 2565) no Departamento de Farmácia, Faculdade de Farmácia, Universidade de Ciências Medicinais Shahid Beheshti. Os materiais vegetais foram lavados 2-3 vezes com água corrente da torneira e depois uma vez com água destilada, secos à sombra durante um período de 6-7 dias à temperatura ambiente, sendo depois triturados em pó fino utilizando um moinho motorizado.

2.2. Procedimento de extração de plantas

300 g de partes aéreas em pó do material vegetal foram maceradas com etanol a 70% à temperatura ambiente durante 72 horas pelo método de maceração. O extrato foi filtrado com papel de filtro Whatman (n.º 1) e ao bagaço foi adicionado solvente fresco e mantido durante mais 72 horas (repetido 3 vezes). Finalmente, os extractos filtrados foram concentrados utilizando um evaporador rotativo a 40°C e depois armazenados a 4°C para ensaios posteriores [21].

2.3. Preparação das fracções

O resíduo seco das partes aéreas foi repetidamente extraído com solventes de polaridade crescente, começando com Hexano (Ai), Hex 1 :Diclorometano (20:80) (Ar), Hex:DCM 2 (40:60)(A₃), Hex:DCM (60:40) (Aд), Hex: DCM (80:20) (As), DCM 100% (A₆), DCM:MeOH (50:50) (A?), MeOH3 100% (As), MeOH:HrO (80:20) (A9) a extração foi feita por agitador a temperatura ambiente. Filtração adicional através de papel de filtro N° 0,45 pm [22].

O extrato foi evaporado até à secura sob pressão reduzida e depois armazenado a 4°C. Para os ensaios antimicrobianos e antioxidantes, os resíduos das fracções agrupadas foram adequadamente diluídos em dimetilsulfóxido (DMSO) a 5%.

2.4. *Determinação da atividade antibacteriana*

2.4.1. *Preparação bacteriana*

As oito estirpes bacterianas clínicas foram utilizadas neste estudo. As espécies gram-positivas e gram-negativas foram *Staphylococcus aureus, Escherichia coli, Shigella flexneri, Shigella sonnei, Shigella dysenteriae, Salmonella typhimurium, Salmonella enteritidis* e *Salmonella infantis.*

As espécies de bactérias foram retiradas de espécimes isolados que apresentavam resistência a alguns antibióticos em doentes hospitalizados. Foram colhidas com base na aprovação ética do comité de ética do hospital. As bactérias foram cultivadas durante a noite a 37°C em caldo LB para a preparação de suspensões celulares. As suspensões celulares das bactérias foram homogeneizadas e ajustadas a 0,5 padrões de McFarland.

Discos de antibióticos comerciais de Ampicilina (10 pg/disco), Amicacina (30 pg/disco), Amoxicilina-ácido clavulânico (30 pg/disco), Azitromicina (30 pg/disco), Cefazolina (30 pg/disco),

2. Hexano

3. Diclorometano

4. Metanol

Cefixima (5 pg/disco), Cefotaxima (30 pg/disco), Cefoxitina (30 pg/disco), Cefpiramida (30 pg/disco), Ceftazidima (30 pg/disco), Ceftizoxima (30 pg/disco), Ceftriaxona (30 pg/disco), Cefalotina (30 pg/disco), Cloranfenicol (30 pg/disco), Ciprofolxacina (5 pg/disco), Clindamicina (2 pg/disco), Doxicilina (30 pg/disco), Eritromicina (15 pg/disco) Gentamicina (10 pg/disco), Imipenem (10 pg/disco), Canamicina (30 pg/disco), Ácido nalidíxico (30 pg/disco), Norfloxacina (10 pg/disco), Piperacilina (100 pg/disco), Rifampina (5 pg/disco), Estreptomicina (10 pg/disco), Tetraciclina (30 pg/disco), Ticarcilina (75 pg/disco), Tobramicina (10 pg/disco) e Trimetoprim-sulfametoxazol (25 pg/disco) foram utilizados para avaliar a sua atividade e sensibilidade contra as estirpes de bactérias testadas.

A atividade antibacteriana *in vitro* foi testada através da determinação da concentração inibitória mínima (CIM) e da concentração bactericida mínima (CBM) utilizando o método de microdiluição e também o método de difusão em disco e em poço de ágar. Os extractos de plantas foram dissolvidos em FBS4 e DMSO (até 5% do volume total) [23]. A concentração de reserva do extrato da planta foi de 10 mg/ml. O protocolo utilizado neste estudo foi baseado nas directrizes CLSI.

2.4.2. Determinação da concentração inibitória mínima (CIM)

Para determinar a CIM, foram preparadas diluições duplas em série do extrato da planta e das fracções numa concentração de 10 mg/ml a 0,005 mg/ml em placas estéreis de 96 poços. Estas diluições foram adicionadas a tubos contendo 100 pL de caldo LB e 5 pL de suspensão bacteriana. As microplacas foram incubadas a 37°C durante 24 h. A concentração mais baixa de fracções em meio de caldo que inibiu o crescimento do microrganismo testado foi considerada como CIM. O dimetilsulfóxido foi utilizado como controlo e o caldo LB como controlo negativo [24].

2.4.3. Determinação da concentração bactericida mínima (CBM)

4. Soro fetal de bovino

Para determinar o CBM, cerca de 10 pL de caldo dos tubos que não apresentaram qualquer crescimento visível no ensaio de CIM foram cultivados em ágar Muller-Hinton estéril recentemente preparado e depois incubados a 37°C durante 18-24 h. Após a incubação, a diluição mais elevada (menor concentração) que inibiu a formação de colónias em meio sólido foi considerada como CBM [25].

2.4.4. Método de difusão em poço de ágar

A atividade antimicrobiana do extrato etanólico bruto e de nove fracções diferentes de *C.album* (subsp *Striatum)* foi analisada utilizando o método de difusão em ágar como descrito por Perez *et al* [26]. As estirpes bacterianas foram cultivadas em ágar Mueller-Hinton a 37 °C durante 18h e depois suspensas em caldo LB ajustado a uma turvação de 0,5 padrões MacFarland [-10^8 Unidades Formadoras de Colónias

(CFU)/mL], 50 pl de suspensão de inóculo foram esfregados uniformemente para solidificar 25 mL de ágar Mueller-Hinton para bactérias. Em seguida, o inóculo foi deixado a secar durante 5 minutos. Foram perfurados poços com 5 mm de diâmetro no ágar e finalmente preenchidos com 50 pl de 35, 40, 45, 50, 55 e 60 mg/ml de extrato bruto e solução de fração. Deixou-se a placa repousar na bancada durante 1 h para uma difusão adequada e depois incubou-se a 37 °C durante 24 h. A atividade antibacteriana foi avaliada medindo o diâmetro da zona de inibição observada. As experiências foram efectuadas em triplicado.

2.4.5. *Difusão em disco de ágar*

A atividade antibacteriana também foi realizada pelo método de difusão em disco. Os métodos para o crescimento de estirpes bacterianas são os mesmos que os descritos no método de difusão em poços, mas em vez de criar poços, utilizámos um disco em branco com 6 mm de diâmetro. Cada disco foi embebido com cerca de 10 pl de 35, 40, 45, 50, 55 e 60 mg/ml de solução de óleo essencial. Foram colocados seis discos em cada placa de Petri. As placas foram incubadas a 37 °C durante 24 h e, finalmente, foram medidas as zonas de inibição em mm. O teste foi repetido três vezes.

2.5. *Determinação da atividade antioxidante através do ensaio de eliminação de DPPH*

O efeito do extrato bruto e das fracções no radical livre DPPH foi medido utilizando o método de Sanchez-Moreno *et al* com uma ligeira modificação [27]. 3 ml de diferentes concentrações do extrato bruto e das fracções (0,2, 0,4 e 0,6 mg/ml) foram adicionados a 0,5 ml de uma solução ImM de metanol DPPH. Após 30 minutos de incubação à temperatura ambiente para uma reação completa, a absorvância foi medida contra um branco a 517 nm.

Atividade de eliminação do radical DPPH= (Abiank -A$_S$ am$_P$ ie/Abiank)^x 100

Em que Abiank é a absorvância da reação de controlo que contém todos os reagentes, exceto o composto de ensaio. Asampie é a absorvância do composto de ensaio.

O IC50 é definido como a concentração necessária para obter 50% de uma capacidade máxima de eliminação, que foi calculada a partir do gráfico da percentagem de inibição em função da concentração. Todas as determinações foram efectuadas em triplicado.

2.6. Determinação do teor de fenólicos totais

O conteúdo fenólico total do extrato bruto e das fracções de *C.album* (subsp *striatum)* foi determinado utilizando o reagente Folin-Ciocalteu pelo método de Karamian e Ghasemlou. A mistura de reação continha: 100 pl de extrato diluído, 1,5 mL de água destilada e 0,75 mL de reagente Folin-Ciocalteu diluído preparado na hora e 0,75 mL de carbonato de sódio a 7,5%. As misturas foram mantidas no escuro em condições ambientais durante 90 minutos para completar a reação. A absorvância a 765 nm foi medida. O ácido gálico foi utilizado como padrão e os resultados foram expressos em mg de ácido gálico (GAE)/g de extrato. Utilizando um espetrofotómetro BioTek® Power Wave XS. Todas as determinações foram efectuadas em triplicado [28].

2.7. Determinação do teor de flavonóides totais

O teor de flavonóides totais foi determinado de acordo com o método colorimétrico do cloreto de alumínio. Para o efeito, foi utilizado o método de Chang *et al*. O extrato da planta (0,5 mL) em etanol a 70% foi misturado com 100 pL de cloreto de alumínio a 10%, 100 pL de ácido acético 1 M e 2,8 mL de água desionizada. Após 30 minutos de incubação à temperatura ambiente, a absorvância da mistura de reação foi determinada espectrometricamente a 415 nm num espetrofotómetro BioTek® Power Wave XS. Todas as determinações foram efectuadas em triplicado. O teor de flavonóides totais foi expresso em mg de equivalente de rutina por grama de peso da amostra [29].

2.8 Análise estatística

Todos os valores das experiências, tal como mencionado anteriormente, foram efectuados em triplicado. Os resultados foram expressos como médias ± SEM. O coeficiente de correlação dos teores de fenóis totais e flavonóides foi determinado utilizando o programa Excel e o software estatístico SPSS *Ver.* 18.

Capítulo 3

3. Resultados e discussão

3.1 Rendimento dos extractos

O rendimento do extrato bruto e nove fracções diferentes de *C. album (Subsp. Striatum)* estão listados na Tabela 1. MeOl 1:1 H) (80:20) teve o maior rendimento de extrato.

QUADRO 1. RENDIMENTO DO EXTRACTO

Fracções	Rendimento (%)*
Extrato bruto	5.15±4.51
Hexadecimal (100%)	2.35±0.28
DCM:Hex (20:80)	1.65±0.08
	0.50± 0.05
DCM:Hex (40:60)	0.39±0.04
DCM:Hex (60:40)	0.83±0.26
DCM:Hex (80:20)	
DCM (100%)	0.29±0.03
	4.44±0.11
DCM:Metanol (50:50)	1.15±0.24
MeOH 100%,	7.40±2.32
MeOH:HrO (80:20)	

* MeaniSD

3.2 Atividade antibacteriana in vitro

A atividade antibacteriana de nove fracções diferentes foi testada *in vitro* pelo método de microdiluição em ágar contra oito bactérias multirresistentes. O ensaio MIC do *C.album* (subsp *Striatum)* mostrou um forte antagonismo contra quase todos os microrganismos examinados. Observou-se que a atividade antibacteriana contra cada bactéria era variada. O valor MIC variou entre 0,15 mg/mL e 2,5 mg/mL (Tabela 2). A fração mais eficaz que inibiu o crescimento das bactérias foi a fração mais polar (A9) seguida do extrato bruto.

O valor MBC das fracções variou entre 0,31 mg/mL e 5 mg/ml (Tabela 3). A fração A9 seguida do extrato bruto mostrou maiores efeitos na inibição do crescimento bacteriano neste estudo. A fração de hexano não teve qualquer efeito antimicrobiano contra *S.aureu*

TABELA 2. CONCENTRAÇÃO INIBITÓRIA MÍNIMA DE NOVE FRACÇÕES DIFERENTES DE *C. ALBUM (SUBSP. STRIATUM)* CONTRA **ESTIRPES BACTERIANAS MDR**

riOVUUlK}	Bactérias Sp.							
	E.coli	*Sh.flexeneriae*	*Sh.sonnei*	*Sh.dysenteriae*	*S.infantis*	*S.enteritidis*	*S. typhimurium*	*S. aureus*
Extrato bruto	0.62	0.62	1.25	1.25	1.25	1.25	0.62	0.31
Ai	2.5	1.25	0.62	2.5	1.25	2.5	2.5	nd*
Ar	2.5	1.25	0.31	2.5	0.62	1.25	0.62	2.5
A3	1.25	2.5	0.62	1.25	0.62	1.25	0.62	1.25
A4	1.25	0.62	2.5	1.25	1.25	2.5	0.31	0.62
Como	1.25	2.5	1.25	0.62	2.5	0.62	1.25	2.5
A6	2.5	2.5	0.62	2.5	1.25	1.25	0.62	0.62
A?	0.62	1.25	1.25	0.31	0.31	0.62	0.31	2.5
Como	0.31	1.25	1.25	0.62	0.31	2.5	1.25	0.62
A9	0.62	1.25	0.15	0.62	1.25	0.62	1.25	2.5

* **Nd: Não detectado**

TABELA 3. CONCENTRAÇÃO BACTERICIDA MÍNIMA DE *C. ALBUM (SUBSP. STRIATUM)* NOVE ACÇÕES DIFERENTES CONTRA ESTIRPES BACTERIANAS MDR

Bactérias Sp.

Fracções	E.coli	Sh.flexeneriae	Sh.sonnei	Sh.dysenteriae	S.infantis	S.enteritidis	S. typhimurium	S. aureus
Extrato bruto	1.25	1.25	2.5	2.5	2.5	2.5	1.25	0.62
Ai	5	2.5	1.25	5	2.5	5	5	nd
Ar	5	2.5	0.62	5	1.25	2.5	1.25	5
A3	2.5	5	1.25	0.62	1.25	2.5	1.25	2.5
A4	2.5	1.25	5	2.5	2.5	5	0.62	1.25
Como	2.5	5	2.5	1.25	5	1.25	2.5	5
A6	5	5	1.25	5	2.5	2.5	1.25	1.25
A?	1.25	2.5	2.5	0.62	0.62	1.25	0.62	5
Como	0.62	2.5	2.5	1.25	0.62	5	2.5	1.25
A9	1.25	2.5	0.31	1.25	2.5	1.25	2.5	5

[a] Nd: Não detectado

As zonas de inibição das estirpes bacterianas situaram-se no intervalo de (7,0±0,0) mm a (24,33±057) mm no método de difusão em poço e de (7,0±0,0) mm a (26,33±1,53) mm no método de difusão em disco (Tabela 4-7). O extrato etanólico bruto e a fração MeOH : H2O (80:20) foram considerados os mais eficazes em cada concentração (35, 40, 45, 50, 55 e 60 mg/ml).

O painel de organismos de teste para o rastreio antibacteriano *in vitro* neste estudo está resumido na Tabela 8. É importante mencionar que o solvente (até 5% de DMSO) não inibiu o crescimento das estirpes de bactérias. A atividade antibacteriana variou consoante a espécie de microrganismo, a espécie de planta e o tipo de extrato e fracções. Os nossos resultados mostraram que o aumento da concentração do extrato bruto e das fracções aumentou a zona de inibição. A MDR *S.aureus* foi a estirpe bacteriana mais sensível e inibida por diferentes extractos e fracções da planta.

QUADRO 4. EFEITO ANTIBACTERIANO DO EXTRACTO BRUTO E DAS FRACÇÕES DE *C. ALBUM (SUBSP. STRIATUM)* EM POÇO DE ÁGAR DIFUSÃO EM SEIS CONCENTRAÇÕES DIFERENTES (35, 40, 45, 50, 55 E 60 MG/ML, RESPECTIVAMENTE)

Bactérias Sp.

	E.coli						*Sh.flexeneriae*						*Sh.sonnei*						*Sh. dysenteriae*					
	60	55	50	45	40	35	60	55	50	45	40	35	60	55	50	45	40	35	60	55	50	45	40	35
Bruto Ext.	18.67± 2.08	16.33± 1.53	15± 1.0	13.67± 1.0	12± 1.0	10± 0.0	15.33± 1.53	15± 1.0	14± 1.15	13.67± 1.15	11.33± 0.57	10.33± 0.57	17.67± 1.53	16.67± 2.08	14± 1.0	14.33± 0.57	13.67± 1.15	12.33± 0.57	20± 1.0	18.33± 0.57	18.67± 1.15	17.33± 1.53	16.33± 0.57	16± 0.0
Ai	12.33± 1.53	11.66± 1.15	10.66± 1.15	7± 0.0			10± 1.0	8.66± 1.15	8± 0.0				11.66± 1.15	10± 1.0	8± 0.0	7± 0.0			13.66± 1.53	11± 1.0	10.33± 0.57	8± 0.0		
Ar	13.33± 2.08	12.33± 0.57	9.33± 0.57				11.67± 1.53	9± 1.0	8± 0.0				12.67± 1.15	10.33± 0.57	10± 0.0	9± 1.0	7± 0.0		14.33± 2.52	11.67± 1.15	8± 1.0			
A3	14.67± 1.15	13.67± 1.15	13.33± 0.57	10± 1.0	■	■	11.67± 2.52	8.67± 1.15	7± 1.0	7± 0.0	■	■	12.67± 2.08	12± 1.0	12.33± 0.57	9± 1.0	7± 1.0	■	14.33± 1.53	12.67± 1.15	11.33± 1.15	8± 1.0	7±0.0	■
A4	14.33± 2.52	12.67± 1.53	12± 1.0	10± 1.0	■	■	12.33± 2.52	10.33± 2.08	9.67± 1.15	■	■	■	13.33± 2.08	10.67± 1.15	10± 1.0	8.33± 0.57	■	■	14.33± 2.08	13.67± 1.15	12± 1.0	9.33± 0.57	8± 0.0	■
Como	15.33± 2.52	13.67± 2.08	10.67± 1.15	9.33± 0.57	9± 0.0		13.33± 2.08	12.33± 1.15	11.33± 0.57	10± 1.0	10± 0.0		13.67± 1.53	8± 1.0	8.33 0.57	7± 1.0	7± 0.0		15.67± 2.52	11± 1.0	9.67± 1.15	9± 1.0	8± 1.0	
A6	15.67± 1.53	12.67± 1.15	11.33± 0.57	11.33 0.57	9± 1.0		13.67± 2.52	13.67± 1.15	12± 1.0	11± 1.0	10.33± 0.57		13.67± 2.08	12± 1.0	9.33± 0.57	8.33± 0.57	8± 0.0	7± 0.0	15.67± 2.52	13.67± 1.15	13± 1.0	12.22± 0.57	11.33± 0.57	9± 1.0
A?	15.67± 2.08	13.67± 1.15	12± 1.0	12.33± 0.57	10± 1.0		15.33± 2.08	14.33± 1.15	13.33± 1.15	13.33± 0.57	10± 1.0		14.67± 2.08	13.67± 1.15	11± 1.0	9± 1.0	8.33± 0.57	7± 0.0	16.67± 1.15	12.33± 0.57	10± 1.0	9.33± 0.57	9.33± 0.57	8± 0.0
Como	16.67± 1.15	14± 1.0	13± 1.0	12.67± 1.15	11.33± 0.57		16.33± 0.57	14.33± 1.15	13± 1.0	13.33± 0.57	11± 1.0	10± 0.0	15.67± 1.15	14± 1.0	14.33± 0.57	11± 1.0	9.33± 0.57	9± 1.0	17.67± 2.08	15.33± 0.57	13± 1.0	12± 1.0	10.33± 0.57	10± 0.0
A9	17.67± 1.53	14.67± 2.08	14.67± 1.15	13.33± 0.57	11.33± 0.57	10± 0.0	17± 2.0	17.67± 1.53	15± 2.0	14.67± 1.15	13.33± 0.57	11.33± 0.57	16.33± 1.53	15.67± 1.15	13± 1.0	12.67± 1.15	11.67± 1.15	1033± 0.57	18.67± 1.15	16.67± 1.15	14± 1.0	13± 1.0	12.33± 0.57	10± 0.0

QUADRO 5. EFEITO ANTIBACTERIANO DO EXTRACTO BRUTO E DAS FRACÇÕES DE *C. ALBUM (SUBSP. STRIATUM)* EM POÇO DE ÁGAR DIFUSÃO EM SEIS CONCENTRAÇÕES DIFERENTES (35, 40, 45, 50, 55 E 60 MG/ML, RESPECTIVAMENTE)

Bactérias Sp.

	S.infantis						S.enteritidis						S. typh imurium						S. aureus					
	60	55	50	45	40	35	60	55	50	45	40	35	60	55	50	45	40	35	60	55	50	45	40	35
Bruto Ext.	16±2.0	14.33±1.53	13.67±1.15	12±2.0	9±1.0	8.33±0.57	13.33±2.52	10.67±2.08	9.33±1.15	9±1.0	7±0.0		23±1.0	21.67±1.15	19.33±0.57	16.33±0.57	14±1.0	13.33±0.57	17.33±1.53	15.67±2.08	1433±1.15	13.67±1.15	10.33±0.57	9±0.0
Ai	9±1.0	9.33±0.57	8±0.0	7±0.0			10.67±1.15	8±1.0	7.33±0.57				12.33±1.53	11.67±1.15	11±1.0	10±1.0	8.33±0.57		11.33±2.52	10.67±1.15	8.33±0.57	7±0.0		
Ar	11.33±0.57	11±0.0	10±0.0	8±0.0	7±0.0		12±2.0	11±1.0	10.33±0.57	8.33±0.57	7±0.0		13.67±1.15	13.67±1.15	11±1.0	9.33±0.57			13±2.0	12.33±1.53	10±1.0	9.33±0.57		
A3	12±1.0	10.33±1.53	10.67±1.15	9±1.0	8.33±0.57	■	13.33±2.08	10.67±1.15	9±1.0	7.33±0.57	■	■	14±1.0	14.33±0.57	12±1.0	9.33±0.57	8±0.0	■	15.33±1.53	13.67±1.15	11.33±0.57	10.33±0.57	8±1.0	■
A4	12.33±2.52	9.33±1.53	8.67±1.15	8±1.0	7±0.0	■	13.67±2.52	11.33±1.53	10.67±1.15	8.33±0.57	8.33±0.57	■	14.33±1.15	12.33±1.53	11.67±1.15	10.33±0.57	8±0.0	7.33±0.57	15.67±2.08	14±1.0	11.67±1.15	9.33±0.57	7.33±0.57	■
Como	13±2.0	10.67±1.15	10.33±0.57	8.33±0.57	7±1.0	7.33±0.57	14.33±2.08	13.67±1.15	11.33±1.53	9±1.0	8±1.0	7.33±0.57	15.33±1.15	12±1.0	11.33±0.57	9±1.0	8.33±0.57	8±0.0	17.67±1.15	15±2.0	14±1.0	13±1.0	12.33±0.57	10.33±0.57
A6	15.33±1.15	13.33±0.57	12.67±1.15	9.33±0.57	9.33±0.57	8±1.0	14.67±2.52	11.67±1.15	10.67±1.15	8.33±0.57	8±1.0	7.33±0.57	15.33±1.53	12.67±2.08	10.33±0.57	10±1.0	9.33±0.57	8±0.0	19±1.0	17.33±1.15	16.33±0.57	15.33±0.57	13±1.0	11.33±0.57
A?	15.67±1.53	14.33±1.15	11±1.0	10±1.0	9.33±0.57	8.33±0.57	15.33±1.53	13±2.0	11.33±1.15	9±1.0	8.33±0.57	8±0.0	16±1.0	14.33±1.53	13.67±1.15	12.33±1.15	11.33±0.57	10.33±0.57	21±1.0	19.67±1.15	16.33±0.57	14±1.0	14.33±0.57	13±1.0
Como	16.33±0.57	14.67±1.15	13.33±0.57	11.33±1.15	10±1.0	10.33±0.57	17.67±1.15	16.33±1.15	14.33±0.57	11±1.0	10.33±0.57	9.33±0.57	18±1.0	16±1.0	15±1.0	14.33±0.57	12.33±0.57	11±0.0	23±0.0	21±1.0	18.33±1.15	17.33±0.57	16±1.0	14.33±0.57
A9	19.67±1.15	18.33±0.57	16.67±1.15	15.33±0.57	13.67±1.15	11.33±0.57	19.33±0.57	17.33±0.57	15.67±1.15	14±1.0	13.33±0.57	12±0.0	18.33±0.57	17.33±1.53	16±1.0	14±1.0	13.33±0.57	13.33±0.57	24.33±0.57	22.33±1.53	20±1.0	19±0.57	18.33±1.0	16±1.0

TABELA 6. EFEITO ANTIBACTERIANO DO EXTRACTO BRUTO E DAS FRACÇÕES DE *C. ALBUM (SUBSP. STRIATUM)* POR DISCO DE ÁGAR DIFUSÃO EM SEIS CONCENTRAÇÕES DIFERENTES (35, 40, 45, 50, 55 E 60 MG/ML, RESPECTIVAMENTE)

Bactérias Sp.

	E.coli						Sh.flexeneriae						Sonsonei						Sh. dysenteriae					
	60	55	50	45	40	35	60	55	50	45	40	35	60	55	50	45	40	35	60	55	50	45	40	35
Bruto Ext.	19.33± 1.53	16± 2.0	15.33± 0.57	13.33± 1.15	12± 1.0	11± 0.0	17.33± 1.15	15.33± 1.53	15± 1.0	14.33± 0.57	13.33± 0.57	12± 0.0	19± 1.0	17.33± 1.15	15± 2.0	14.33± 1.53	13.33± 0.57	12.33± 0.57	21.33± 0.57	19.33± 1.15	18.33± 1.15	18± 1.0	17± 0.0	16± 0.0
Ai	13.33± 0.57	11.33± 1.53	8± 2.0	8.33± 1.15	7± 0.0	-	12± 2.0	10± 1.0	9.33± 0.57	8.33± 1.15	8± 0.0	7± 0.0	12.33± 1.15	12.33± 0.57	11.33± 0.57	10± 0.0	8± 0.0	-	13± 1.0	12± 1.0	12± 1.0	9.33± 0.57	8± 0.0	-
A2	14.33± 2.08	12.33± 1.15	11± 0.0	10.33± 0.57	9.33± 1.15	-	13± 1.0	11.33± 2.08	10.33± 1.15	9.33± 0.57	8.33± 0.57	-	13± 1.0	12.33± 1.53	9.33± 1.15	8.33± 1.15	8.33± 0.57	7± 0.0	14.33± 1.15	13.33± 1.53	12.33± 1.15	10.33± 0.57	8.33± 0.57	8± 0.0
A3	15± 0.0	13.33± 1.15	12± 1.0	10.33± 1.53	9.33± 1.15	9± 0.0	13.33± 0.57	11± 1.0	10.33± 1.15	9.33± 0.57	7± 0.0	-	14± 1.0	14.33± 0.57	13.33± 1.15	10.33± 1.53	9.33± 1.15	8± 0.0	14.67± 1.15	12± 1.0	11.33± 1.15	9.33± 0.57	9± 0.0	8± 0.0
A4	15.33± 0.57	13.33± 2.08	11.33± 1.15	10± 0.0	9.33± 0.57	-	14± 1.0	11.33± 1.53	10.33± 1.15	10± 1.0	9± 0.0	-	14.33± 0.57	12± 1.0	10± 1.0	9.33± 0.57	8.33± 0.57	-	15.33± 0.57	14.33± 1.53	12.33± 1.15	10.33± 1.15	9.33± 0.57	9± 1.0
Como	15.67± 1.15	13.67± 2.08	11.33± 0.57	11.33± 0.57	10.33± 1.15	9.33± 0.57	15.33± 0.57	13.33± 1.53	12± 1.0	11.33± 1.15	11.33± 1.15	10± 1.0	14.67± 1.15	11.33± 2.08	10± 1.0	9.33± 1.15	8± 0.0	7± 0.0	14.67± 1.15	12.33± 2.08	11± 1.0	10.33± 1.15	9.33± 1.15	9± 0.0
A6	16.33± 0.57	14.33± 2.08	13± 1.0	11.33± 0.57	10.33± 1.15	9± 1.0	15.67± 1.15	13.33± 1.15	11± 1.0	10.33± 1.15	9.33± 0.57	9± 1.0	15± 1.0	14.33± 0.57	14.33± 1.15	13± 1.0	10± 1.0	8± 0.0	15.33± 0.57	13.33± 1.15	11.33± 0.57	11± 1.0	10± 1.0	10.33± 0.57
A?	15.33± 0.57	14.33± 1.53	11± 1.0	11.33± 1.15	10.33± 0.57	8± 0.0	17.33± 1.15	16.33± 0.57	14.33± 1.15	13.33± 1.15	11± 1.0	10± 1.0	15.33± 0.57	13.33± 1.53	11± 1.0	10± 1.0	9.33± 0.57	8± 0.0	15.67± 1.15	14.33± 0.57	14± 1.0	12± 1.0	10± 1.0	9± 0.0
Como	17.67± 1.15	15± 2.0	14.33± 0.57	14.33± 0.57	12± 1.0	11.33± 2.08	18.67± 1.15	16.33± 1.53	14.33± 2.08	13.33± 1.15	11± 1.0	11.33± 1.0	17± 2.0	15.33± 1.15	13.33± 2.08	12± 1.0	11.33± 0.57	11.33± 0.57	16.67± 1.15	14.33± 2.08	13± 1.0	12± 1.0	11.33± 0.57	10± 0.0
A9	18.33± 2.52	15.33± 1.53	14.33± 1.15	14± 1.0	13± 1.0	11.33± 0.57	19.67± 1.15	17± 2.0	16.33± 1.15	15.33± 0.57	14.33± 0.57	13± 0.0	18.33± 2.52	16± 1.0	1.33± 1.15	14.33± 0.57	11.33± 0.57	11± 0.0	19± 1.0	18.33± 0.57	17.33± 1.15	15± 1.0	13.33± 0.57	12.33± 0.57

TABELA 7. EFEITO ANTIBACTERIANO DO EXTRACTO BRUTO E DAS FRACÇÕES DE *C. ALBUM (SUBSP. STRIATUM)* POR DISCO DE ÁGAR DIFUSÃO EM SEIS CONCENTRAÇÕES DIFERENTES (35, 40, 45, 50, 55 E 60 MG/ML, RESPECTIVAMENTE)

Bactérias Sp.

	S.infantis						*S.enteritidis*					
	60	55	50	45	40	35	60	55	50	45	40	35
Bruto Ext.	17.33±2.52	16.33±1.15	15.33±1.53	13±1.0	11.33±0.57	10±0.0	15.33±1.15	14.33±1.53	12.67±1.15	12.33±0.57	10±1.0	9.33±0.57
Ai	11.33±0.57	10.33±0.57	10±1.0	9.33±0.57	8.33±0.57	8±0.0	12.33±2.52	10.33±1.15	8±2.0	8±1.0	7±0.0	-
A?	12±0.0	11±0.0	10±1.0	9.33±0.57	9±0.0	8±0.0	13±0.0	12±1.0	11±0.0	10±1.0	10.33±0.57	9.33±0.57
A3	13±1.0	11.33±1.15	10±1.0	10±0.0	9±1.0	9±0.0	15±0.0	13±1.0	11.33±1.15	9±1.0	8±0.0	-
A4	13.33±0.57	11±2.0	10±1.0	9.33±0.57	9±0.0	8±0.0	15.33±0.57	13.33±2.08	11.33±1.53	10±1.0	9.33±0.57	9±0.0
Como	14.33±2.52	13.33±1.15	11.33±2.08	10.33±0.57	9.33±0.57	8±0.0	16±0.0	15.33±0.57	13.33±1.53	11.33±1.15	10±1.0	9.33±0.57
A6	16±1.0	15.33±1.15	13.33±2.08	11±1.0	10±0.0	9.33±0.57	15.33±2.52	12±2.0	10±1.0	9.33±0.57	8±0.0	-
A?	17±0.0	14±2.0	13±1.0	12±1.0	10.33±0.57	10±0.0	17.33±2.08	15±1.0	12±2.0	11±1.0	9.33±0.57	9±0.0
Como	17.33±2.08	15.33±2.52	14.33±1.15	13±0.0	12±1.0	11.33±0.57	19.33±0.57	17±2.0	14.33±2.52	13±1.0	12.33±1.15	11±1.0
A9	20.33±0.57	17±2.0	15±1.0	14.33±1.15	13.33±0.57	12±1.0	20.33±1.15	18.33±1.53	15±2.0	15±1.0	14.33±0.57	13±1.0

	S.typhimurium						*S. aureus*					
	60	55	50	45	40	35	60	55	50	45	40	35
Bruto Ext.	24.33±1.53	21±2.0	18±2.0	16±1.0	15.33±0.57	13±1.0	19.33±1.53	17.33±1.15	16±1.0	14±2.0	12±1.0	10.33±0.57
Ai	12.33±1.15	12±0.0	11.33±0.57	10±1.0	10±0.0	9.33±0.57	13.67±1.15	11.33±1.53	10±1.0	9.33±0.57	9.33±0.57	7±0.0
A?	13±0.0	12±1.0	11±1.0	10.33±0.57	9.33±0.57	-	15.33±2.52	14.33±1.15	11±2.0	10±1.0	9.33±0.57	-
A3	14±0.0	13.33±0.57	12±1.0	11.33±0.57	10±1.0	9±0.0	17±0.0	15±2.0	13.33±1.15	10±1.0	10±0.0	9.33±0.57
A4	15±1.0	14±1.0	13.33±0.57	12±1.0	10.33±1.53	9±0.0	17.33±0.57	15±2.0	13.33±1.15	10±1.0	10±0.0	9.33±0.57
Como	15.33±0.57	14.33±0.57	11.33±2.08	10±0.0	9.33±0.57	9±1.0	19.33±2.08	17±2.0	14.33±1.53	13±0.0	11.33±2.08	11.33±1.15
A6	16.33±2.08	13.33±0.57	12±1.0	11.33±0.57	10±1.0	9.33±0.57	22±1.0	20.33±2.08	17±1.0	15±2.0	14.33±0.57	13±1.0
A?	17.33±2.52	14.33±1.15	13±1.0	12.33±0.57	11±0.0	11±0.0	23.33±2.08	21.33±1.53	18.33±2.52	17±1.0	16.33±1.15	15±0.0
Como	19±2.0	18.33±2.08	16.33±1.53	15±1.0	14±1.0	13.33±0.57	25±0.0	23.33±1.53	20±2.0	18.33±2.08	16±1.0	15.33±0.57
A9	20.33±1.53	19±1.0	17±2.0	16±1.0	16±0.0	15.33±0.57	26.33±1.53	24.33±1.15	21±2.0	20.67±1.15	19±1.0	18.33±0.57

QUADRO 8. PAINEL DE ORGANISMOS DE TESTE PARA RASTREIO ANTIBACTERIANO *IN VITRO*

Espécie	Padrão de resistência aos antibióticos
Staphylococcus aureus	AN, AZM, FOX, CP
E. coli	AZM, CPM, CRO, CAZ, CTX, AM
Sh. flexneri	AMC, NA, CAZ, AM, TIC, CTX, CRO, TE, S, SXT, CF
Sh. sonnei	AMC, AM, TOB, TIC, CTX, CRO, TE, S, SXT
Sh. dysenteriae	AMC, AM, TIC, CTX, CRO, K, GM
S. infantis.	AMC, NA, CAZ, AM, TIC, CTX, CRO, CT, PIP, D, TE, S, SXT, CF
S. enteritidis	AMC, NA, AM, PIP, D, TE, SXT
S. typhimurium	AMC, AM, PIP, TE, S, C

AN: Amicacina, AZM: Azitromicina, FOX: Cefoxitina, CPM: Cefpiramida, CP: Ciprofloxacina, CRO: Ceftriaxona, CAZ: Ceftazidima, CTX: Cefotaxima AM: Ampicilina, AMC: Amoxicilina-ácido clavulânico, NA: Ácido nalidíxico, TIC: Ticarcilina, TE: Tetraciclina, S: Estreptomicina, SXT: Trimetoprimsulfametoxazol, CF: Cefalotina, TOB: Tobramicina, K: Canamicina, GM: Gentamicina, CT: Ceftizoxima, PIP: Piperacilina, D: Doxicilina, C: Cloranfenicol

3.3. Atividade de eliminação do radical DPPH

A atividade antioxidante do extrato bruto e de nove fracções diferentes foi avaliada pela eliminação do radical DPPH. Os compostos de polifenóis são os antioxidantes mais eficazes [30]. No presente estudo, a atividade antioxidante do extrato etanólico bruto e de nove fracções diferentes em concentrações diferentes

(0,2, 0,4 e 0,6 mg/ml) foi testada e os resultados são apresentados na tabela 9. Todos os extractos brutos e fracções tinham atividade antioxidante. A atividade antioxidante foi aumentada pela ordem de polaridade, de modo que MeOl 1:1 H) (80:20) mostrou uma atividade de eliminação de radicais significativa em cada concentração testada. Neste estudo, o antioxidante sintético BHT 5 foi utilizado como padrão para comparar a atividade antioxidante do extrato bruto e das fracções. Como se mostra na Tabela 9, a atividade antioxidante (% de inibição) da fração MeOH: H2O (80:20) foi semelhante à do BHT. Estes resultados sugerem que a fração MeOH: H2O (80:20) contém compostos que apresentam a atividade de eliminação de radicais livres mais forte.

QUADRO 9. CAPACIDADE DE ELIMINAÇÃO DE DPPH

Extrato	Atividade antioxidante (% de inibição)
Ext bruto	50.33±5.79
Frc.1	20.27±0.07
Frc.2	30.92±4.11
Frc.3	72.0H0.38
Frc.4	79.55i1.45
Frc.5	84.36i2.69
Frc.6	89.55i2.84
Frc.7	91.02i5.17
Frc.8	92.94i2.09
Frc.9	95.1i2.13
BHT (padrão)	95.30i0.43

3.4.Teor total de fenólicos e flavonóides

Os compostos fenólicos são uma classe de antioxidantes que desempenham um papel importante como terminadores de radicais livres e as suas bioactividades podem estar relacionadas com a sua capacidade de realizar diferentes mecanismos, tais como inibir a lipoxigenase, quelar metais e eliminar radicais livres. O ensaio DPPH funciona como o último mecanismo [8]. Os teores totais de fenóis e flavonóides no extrato bruto e nas fracções de *C.album* (subsp *Striatum)* foram medidos espectrometricamente de acordo com o método Folin-Ciocalteu e expressos em termos de equivalentes de ácido gálico (R^2 =0,986). Os

6. A concentração de flavonóides do 3, 5-Di-tert-4-butil-hidroxitolueno (BHT) foi determinada pelo ensaio AICI3 e calculada como equivalente de rutina (R^2 =0,997). Os teores totais de fenóis e flavonóides do extrato bruto e de nove fracções diferentes de *C.album* (subsp *Striatum)* são apresentados no Quadro 10.

QUADRO 10. TEOR DE FENÓIS E FLAVONÓIDES DE *C.ALBUM* (SUBSP *STRIATUM)*

Extrato	Fenol total[1]	Flavonóides totais[2]
Ext bruto	0.892±0.011	4.873±0.029
Frc.1	0.116±0.001	1.864±0.034
Frc.2	0.182±0.009	2.43H0.060
Frc.3	0.210±0.002	2.739±0.034
Frc.4	0.243±-0.007	2.814±0.028
Frc.5	0.327±0.023	3.419±0.092
Frc.6	0.386±0.007	3.696±0.053
Frc.7	0.409±0.007	4.484±0.028
Frc.8	0.533±0.013	4.365±0.049
Frc.9	0.865±0.010	4.535±0.025

1. mg de GAE/g de extrato

2. mg de RU/g de extrato

Os resultados demonstraram que o conteúdo fenólico do *C.album* (Subsp *Striatum)* aumentou por ordem crescente de polaridade. Assim, o extrato etanólico bruto, seguido da fração MeOH: H2O (80:20) e da fração metanólica, apresentou um teor fenólico total mais elevado.

Por outro lado, o extrato etanólico bruto seguido da fração MeOH: H2O (80:20) e MeOH: DCM (50:50) continha uma maior concentração de flavonóides.

A fração MeOH: H2O (80:20) tinha um teor mais elevado de fenóis e flavonóides e também possuía a maior capacidade de eliminação de DPPH. Por conseguinte, esta fração pode ser considerada como um antioxidante eficaz.

Nos últimos tempos, a procura de novos e eficazes agentes antibacterianos e antioxidantes tornou-se uma crise global muito importante e grave, tendo em conta os níveis crescentes de resistência aos antibióticos entre as espécies de bactérias patogénicas e algumas doenças crónicas como o cancro, que desafiam continuamente a comunidade científica [31], [32]. Por isso, os cientistas estão a procurar mais compostos orgânicos e naturais para esta solução [33].

Um dos esforços nesta investigação centra-se na utilização de plantas medicinais, que há muito tempo são remédios para doenças humanas por conterem componentes de valor terapêutico [34]. As plantas medicinais contêm diversas classes de compostos bioactivos, como taninos, alcalóides, flavonóides e compostos polifenólicos, que, por sua vez, são responsáveis por várias propriedades farmacológicas [35], [36].

Estes metabolitos secundários desempenham um papel importante nas propriedades medicinais das plantas. Há muitos relatórios disponíveis sobre as propriedades antifúngicas, antivirais, antibacterianas, antioxidantes e anti-inflamatórias das plantas, pelo que as propriedades terapêuticas das plantas medicinais são bem reconhecidas [37], [38].

É imperativo que se desenvolvam agentes antibacterianos e antioxidantes menos dispendiosos para curar todos os doentes, independentemente do seu estatuto financeiro, pelo que as plantas medicinais podem ser a melhor opção.

Como mencionámos anteriormente, alguns medicamentos são conhecidos pelas suas propriedades antibacterianas, mas a sua eficácia contra as bactérias MDR não está bem documentada na literatura medicinal. O *C.album* (Subsp *Striatum*) tem sido utilizado localmente pelas suas propriedades tradicionais e medicinais, mas a sua eficácia contra as bactérias MDR não foi estudada.

O método de microdiluição foi utilizado no presente estudo porque é um método de referência quantitativo utilizado por rotina em laboratórios clínicos. Neste método, os painéis de suscetibilidade em placas de microtitulação de 96 poços continham várias concentrações de antimicrobianos inoculados nos poços das placas de microtitulação e incubados durante a noite a 37°C. Em comparação com os métodos baseados em ágar, a microdiluição em caldo pode reduzir muito o trabalho e o tempo [39].

Tal como já foi referido, supôs-se que as actividades antibacterianas e antioxidantes dos extractos de plantas à base de plantas e dos óleos essenciais se concentram nas estruturas e também nas membranas celulares e, devido à presença de vários compostos bioactivos e de perfis químicos extensos, é provável que a potência antimicrobiana não seja causada apenas por um mecanismo solitário, mas sim por vários acontecimentos a nível celular [40].

Por outro lado, os compostos fenólicos *(por exemplo,* ácido fenólico, flavonóides, cumarina, quinona, etc.) possuem uma vasta gama de actividades antioxidantes e antimicrobianas [41], [42]. Vários agentes antioxidantes e antibacterianos têm diferentes polaridades, pelo que podemos isolá-los utilizando diferentes solventes [43].

O C.album (subsp *Striatum)* mostrou actividades antagonistas significativas contra bactérias grampositivas e gram-negativas MDR e também um efeito antioxidante potente.

4. Conclusão

Os nossos resultados descrevem a atividade antimicrobiana e antioxidante de largo espetro do extrato etanólico bruto de *C.album* (subsp *Striatum)* e de nove fracções diferentes. Estas propriedades poderiam indicar a utilização de *C.album* (subsp *Striatum)* em aplicações médicas e farmacêuticas como potenciais agentes antimicrobianos e antioxidantes e como conservantes eficazes. São necessários estudos adicionais e complementares sobre o rastreio fitoquímico, a análise fisiológica, o isolamento, a purificação e a qualificação dos componentes bioactivos para a sua avaliação *in vivo*. Este estudo mostrou o potencial *do C.album* (Subsp *Striatum)* como um agente antibacteriano novo e económico contra bactérias MDR e também como agente antioxidante.

Conflito de interesses

Os autores declaram que não têm interesses concorrentes.

Agradecimentos

Gostaríamos de expressar a nossa profunda gratidão às senhoras Pourali e Ahmadi (Centro de Investigação em Biologia Molecular, Universidade de Ciências Médicas de Baqiyatallah) e também à senhora Rahmani (Fisiologia Vegetal da Universidade de Shahed) por fornecerem estirpes microbianas, assistência e as comodidades necessárias para a realização desta investigação.

Capítulo 4

Composição do óleo essencial e atividade antibacteriana *in vitro* de *Chenopodium album* (subsp *Striatum)*

Negin Khomarlou[1] , Parviz Aberoomand-Azar*[1] , Ardalan Pasdaran Lashgari[2] ,

Ali Hakakian*[3] , Reza Ranjbar[4] , Seyed Abdolmajid Ayatollahi[5]

[L] Departamento de Química, Faculdade de Ciências Básicas, Secção de Ciência e Investigação de Teerão, Universidade Islâmica Azad, Teerão, Irão.

[2'] Departamento de Farmacognosia, Escola de Farmácia, Centro de Investigação e Desenvolvimento de Plantas e Química Medicinal, Universidade de Ciências Médicas de Guilan, Rasht, Irão.

[3-] Membro do corpo docente do Complexo de Produção e Investigação *do* Instituto Pasteur do Irão.

[4-] Centro de Investigação em Biologia Molecular, Universidade de Ciências Médicas de Baqiyatallah, Teerão, Irão.

[5-] Centro de Investigação em Fitoquímica e Departamento de Farmacognosia, Shahid Beheshti University ofMedicinal Sciences, Teerão, Irão.

Resumo

O objetivo deste estudo foi identificar os compostos bioactivos do óleo essencial e também avaliar a atividade antibacteriana do óleo essencial extraído de *Chenopodium album* (subsp *Striatum)* contra bactérias multirresistentes (MDR) que foram isoladas de espécimes clínicos por métodos convencionais. Além disso, foram utilizadas oito estirpes diferentes de bactérias Gram-negativas e Gram-positivas multirresistentes para investigar o potencial antibacteriano do óleo essencial. A atividade antibacteriana contra as bactérias foi testada utilizando o método de microdiluição MIC e MBC, difusão em poço e em disco em diferentes concentrações. O rendimento da hidrodestilação do pó das partes aéreas foi de 0,466% (v/w). Todos os métodos antibacterianos foram utilizados para o *Chenopodium album* e o óleo essencial mostrou atividade bactericida contra estirpes bacterianas Gram-negativas e Gram-positivas MDR. Os resultados da CIM e da CBM variaram entre 0,41±0,18 e 2,08±0,72 e 0,83±0,36 e 4,17±1,44 mg/ml. As zonas de inibição no método de difusão em poço variaram de (7±0,6) mm a (15±1,0) mm e no método de difusão em disco variaram de (7±0,0) mm a (16±0,6) mm, dependendo do tipo de estirpe bacteriana e da concentração do óleo essencial. O óleo essencial de *C. album* tinha o maior potencial para ser considerado um agente antibacteriano contra a estirpe de bactérias MDR. Este potencial deveu-se aos diferentes compostos biológicos e bioactivos da planta.

Palavras-chave: Análise por cromatografia gasosa e espetrometria de massa; Bactérias multirresistentes; *Chenopodium album* (subsp *Striatum)*.

Introdução

Nos últimos anos, tem-se verificado um interesse significativo nas plantas medicinais e nos seus metabolitos, uma vez que apresentam várias vantagens, tais como eficácia, segurança, aceitabilidade cultural, melhor compatibilidade com o corpo humano e menores efeitos secundários. Um quarto de todos os produtos farmacêuticos prescritos nos países avançados contém compostos direta ou indiretamente derivados de plantas [1]. Muitos compostos derivados de plantas são utilizados há séculos como remédios para doenças humanas. Atualmente, existe um interesse generalizado por medicamentos derivados de plantas, e é referido que a medicina verde é segura e fiável porque contém componentes e metabolitos secundários como polifenóis, alcalóides, óleos voláteis, etc., que têm propriedades terapêuticas, pelo que a formulação de plantas para normalização e regulamentação de produtos fitomedicinais é a forma mais alternativa [2,3].

Por outro lado, as infecções causadas por microrganismos patogénicos, especialmente estirpes bacterianas, constituem o principal e mais grave problema clínico [4]. Nos últimos anos, a resistência aos antibióticos tornou-se um problema grave e generalizado nos países em desenvolvimento e resulta da utilização inadequada, abusiva e excessiva de antibióticos, causando mortalidade todos os anos [5,6]. A emergência global de bactérias resistentes é o resultado da ineficácia dos antibióticos e medicamentos actuais, causando o fracasso do tratamento [7]. Por conseguinte, existe um interesse crescente na utilização de terapias alternativas e na utilização terapêutica de produtos naturais, especialmente de plantas medicinais [2].

O óleo essencial de plantas medicinais pode inibir o crescimento de um amplo espetro de microrganismos patogénicos, especialmente os resistentes, pelo que atrai a atenção devido aos seus compostos biológicos e bioactivos com uma atividade antimicrobiana desejável [8].

[th]O termo "óleo essencial" foi utilizado pela primeira vez no século XVI por Paracelsus von Hohenhem [9]. Os óleos essenciais são uma mistura de constituintes naturais, voláteis e complexos que são produzidos por órgãos vegetais, especialmente plantas aromáticas, e são considerados metabolitos secundários. Caracterizam-se pelo seu forte odor, solubilidade em solventes orgânicos e lipídicos, cor rara, etc. Como Bassole afirmou, entre os 100 000 metabolitos secundários conhecidos, os óleos essenciais representam mais de 3000, dos quais cerca de 300 têm fins comerciais e são utilizados pelas indústrias alimentar, cosmética e farmacêutica [10]. Os óleos essenciais contêm dois constituintes principais responsáveis por diversas actividades químicas, bioquímicas e farmacêuticas: terpenos (monoterpenos e sesquiterpenos) e terpenóides (isoprenóides), e outro grupo de compostos alifáticos e aromáticos (por exemplo, aldeídos, fenóis, etc.).

Descobriu-se que uma vasta gama de plantas apresenta efeitos terapêuticos. Algumas espécies de plantas têm uma fama notável pelas suas aplicações terapêuticas mágicas, como o *Thymus vulgaris*, mas outras são menos conhecidas. *C.album* (Subsp *Striatum)* que pertence a esta última.

A família das *Chenopodiaceae* é uma das maiores famílias (família dos pés de ganso) de plantas com flor e anuais, que se encontra amplamente distribuída em todo o mundo, desde as zonas moderadas e subtropicais até às regiões áridas e salinas. O Irão, com uma superfície de 1.648.000 km^2 , tem uma grande área de pastagens salinas e áridas. Devido à dureza e ao ecossistema halófito, pode proporcionar uma condição adequada para o crescimento e o cultivo de muitas espécies de plantas, como o *C.album* (subsp *Striatum)* [11]. Esta família é constituída por 104 géneros e mais de 1400 espécies [12], [13]. *O Chenopodium album* é conhecido por ser uma fonte rica de flavonóides, glucósidos, terpenóides e ácido fenólico. As folhas da planta são ricas em carotenóides e as suas sementes em proteínas e gorduras [14,15].

Muitas espécies de *Chenopodium* foram registadas com inúmeras propriedades medicinais, tais como antipruriginosas, antibacterianas, antifúngicas e anticancerígenas, mas não existem relatórios sobre o estudo destas propriedades na subespécie *Striatum* [16,17].

O presente estudo foi concebido para determinar o papel do óleo essencial de *C.album* (subsp *Striatum)* no que respeita à sua potencial atividade antibacteriana, de acordo com protocolos normalizados, através de métodos baseados em ágar e testes de CIM e CBM contra algumas bactérias gram-positivas e gram-negativas MDR seleccionadas: *Staphylococcus aureus, Escherichia coli, Shigella flexneri, Shigella sonnei, Shigella dysenteriae, Salmonella typhimurium, Salmonella enteritidis* e *Salmonella infantis.*

O objetivo deste estudo foi analisar a atividade antimicrobiana *in vitro* do *C.album* (subsp *Striatum)* como fonte potencial de agentes antimicrobianos naturais.

1. Materiais e métodos

1.1. *Material vegetal por cultura de tecidos*

O C.album (subsp *Striatum)* foi obtido a partir de cultura de tecidos. O meio basal era constituído por sal de Murashige e Skoog, suplementos vitamínicos, 3% de sacarose sem quaisquer hormonas e também solidificado com 0,7% (p/v) de ágar vegetal. O meio foi ajustado para pH 5,8 antes de adicionar o ágar vegetal, e depois foi esterilizado por autoclavagem a 121°C durante 20 minutos [18]. É também importante mencionar que a amostra de planta primária foi identificada pelo Laboratório de Fisiologia Vegetal e os espécimes de voucher foram confirmados e depositados no Herbário (n.º 2565) no Departamento de Farmácia, Faculdade de Farmácia, Universidade Shahid Beheshti de Ciências Medicinais. As folhas frescas de *C.album* (subsp *Striatum) foram* lavadas duas a três vezes com água corrente da torneira e depois uma vez com água destilada, secas à sombra durante um período de 3-4 dias à temperatura ambiente, depois foram moídas até se tornarem um pó fino utilizando um moinho motorizado e, por fim, conservadas em frascos de vidro âmbar estanques ao ar.

1.2. *Procedimento com óleos essenciais*

O material vegetal seco à sombra (500 g) foi submetido a uma hidrodestilação durante 4 h com um aparelho do tipo Clevenger. Em seguida, o óleo essencial foi seco sobre sulfato de sódio anidro. O rendimento do óleo essencial hidrodestilado foi de 0,466% (v/w). Finalmente, foi conservado a 4°C num frasco selado para análise posterior, ou seja, GC-MS e atividade antimicrobiana.

1.3.   Análise GC-MS

A análise GC-MS do óleo essencial das partes aéreas foi efectuada utilizando um Agilent 7890B/5975C GC-MSD numa coluna capilar HP-5MS (30 m x 0,25 pm, i.d. 0,25 mm) e um detetor seletivo de massa 5975C. Foi utilizada uma energia de ionização de 70 eV para a ionização por electrões. Foi injetado manualmente um micro litro de amostra diluída (1/10 v/v em metanol) com uma razão de divisão de 1:10. Utilizou-se gás hélio inerte como gás de arrastamento a um caudal constante de 1 ml/min. No início, a temperatura do forno foi mantida a 50 °C durante 2 min, depois aumentou gradualmente para 290 °C a uma taxa de 5 °C/min e manteve-se a 290 °C durante 10 min. As temperaturas do injetor e da linha de transferência de massa foram fixadas em 220 °C e 300 °C, respetivamente. A percentagem relativa dos constituintes do óleo essencial foi expressa como a percentagem por normalização da área do pico. A identificação do composto baseou-se na comparação do tempo de retenção e dos espectros de massa com a biblioteca NIST GC-MS e também com os dados da literatura.

1.4.   Preparação bacteriana

Neste estudo, foram utilizadas oito estirpes bacterianas clínicas. As espécies Gram-positivas e Gram-negativas foram *Staphylococcus aureus, Escherichia coli, Shigella flexneri, Shigella sonnei, Shigella dysenteriae, Salmonella typhimurium, Salmonella enteritidis* e *Salmonella infantis*.

As espécies de bactérias foram retiradas de espécimes isolados que apresentavam resistência a alguns antibióticos em doentes hospitalizados. Foram colhidas com base na aprovação ética do comité de ética do hospital. As espécies de bactérias foram cultivadas durante a noite a 37°C em caldo nutriente para a preparação de suspensões celulares. As suspensões de células bacterianas foram homogeneizadas e ajustadas aos padrões de 0,5 McFarland. Discos de antibióticos comerciais de Ampicilina (10 pg/disco), Amicacina (30 pg/disco), Amoxicilina-ácido clavulânico (30 pg/disco), Azitromicina (30 pg/disco), Cefazolina (30 pg/disco), Cefixima (5 pg/disco), Cefotaxima (30 pg/disco), Cefoxitina (30 pg/disco), Cefpiramida (30 pg/disco), Ceftazidima (30 up/di sc), Ceftizoxima (30 ug/disco), Ceftriaxona (30 ug/disco), Cefalotina (30 ug/disco), Cloranfenicol (30 pg/disco), Ciprofloxacina (5 pg/disco), Clindamicina (2 pg/disco), Doxiciclina (30 pg/disco), eritromicina (15 pg/disco), gentamicina (10 pg/disco), imipenem (10 pg/disco), canamicina (30 pg/disco), ácido nalidíxico (30 pg/disco), norfloxacina (10 pg/disco), piperacilina (100 pg/disco), rifampicina (5 pg/disco), A estreptomicina (10 pg/disco), a tetraciclina (30 pg/disco), a ticarcilina (75 pg/disco), a tobramicina (10 pg/disco) e o trimetoprimissulfametoxazol (25 pg/disco) foram utilizados para avaliar a sua atividade e sensibilidade contra as estirpes de bactérias testadas. Cada ensaio antimicrobiano foi efectuado em triplicado para maior precisão.

1.5.   Determinação da atividade antibacteriana do óleo essencial

O óleo essencial hidrodestilado foi primeiro dissolvido até 5% v/v do óleo essencial total em DMSO (dimetilsulfóxido) até à concentração final de 10 mg/ml para o ensaio MIC e MBC e depois esterilizado através do sistema de filtração utilizando filtros de membrana de 0,45 pm. A atividade antibacteriana foi determinada por difusão em disco e em poço de ágar, bem como a concentração inibitória mínima (CIM) e a concentração bactericida mínima (CBM). O protocolo utilizado neste estudo foi baseado nas directrizes CLSI.

1.5.1. Método de difusão em poço de ágar

A atividade antimicrobiana do óleo essencial foi analisada utilizando o método de difusão em ágar, tal como descrito por Perez *et al* [19]. As estirpes bacterianas foram cultivadas em ágar nutriente a 37 °C durante 18 h e depois suspensas em caldo LB ajustado a uma turvação de 0,5 padrões MacFarland [-10^8 Unidades Formadoras de Colónias (CFU)/mL], 50 pl de suspensão de inóculo foram esfregados uniformemente para solidificar 25 mL de Ágar Mueller-Hinton (MHA) para bactérias.

Em seguida, o inóculo foi deixado a secar durante 5 minutos. Foram perfurados poços com 6 mm de diâmetro no ágar e finalmente preenchidos com 50 pl de solução de óleo essencial de 35, 40, 45, 50, 55 e 60 mg/ml. A placa foi deixada em repouso na bancada durante 1 h para uma difusão adequada e depois incubada a 37 °C durante 24 h. A atividade antibacteriana foi avaliada medindo o diâmetro da zona de inibição observada. As experiências foram efectuadas em triplicado.

1.5.2. Difusão em disco de ágar

A atividade antibacteriana também foi realizada pelo método de difusão em disco. O método para o crescimento de estirpes bacterianas foi o mesmo que o descrito no método de difusão em poços, mas em vez de criar poços, utilizámos discos em branco com 6 mm de diâmetro. Cada disco foi embebido com cerca de 10 pl de 35, 40, 45, 50, 55 e 60 mg/ml de solução de óleo essencial. Foram colocados seis discos em cada placa de Petri. As placas foram incubadas a 37 °C durante 24 h e, finalmente, foram medidas as zonas de inibição em mm. O teste foi repetido três vezes.

1.5.3. Concentração inibitória mínima (CIM)

Para determinar a CIM, foram efectuadas diluições duplas em série do óleo essencial de plantas numa concentração de 10 mg/ml a 0,005 mg/ml em placas estéreis de 96 poços, tal como descrito pelo Clinical and Laboratory Standards Institute (CLSI). Estas diluições foram adicionadas a tubos contendo 100 pL de caldo Muller Hinton e 5 pL de suspensão bacteriana. As microplacas foram incubadas a 37°C durante 24 h. A concentração mais baixa do óleo essencial em meio de caldo que inibiu o crescimento do microrganismo testado foi considerada como CIM. O dimetilsulfóxido foi utilizado como controlo e o caldo Mueller-Hinton como controlo negativo [20].

1.5.4. Concentração bactericida mínima (CIM)

Para determinar o CBM, cerca de 10 pL de caldo dos tubos que não apresentaram qualquer crescimento visível no ensaio de CIM foram cultivados em ágar Muller-Hinton estéril recentemente preparado e depois incubados a 37°C durante 18-24 h. Após a incubação, a diluição mais elevada (menor concentração) que inibiu a formação de colónias em meio sólido foi considerada como CBM [21].

1.6.   Análise estatística

Todos os valores das experiências, tal como mencionado anteriormente, foram efectuados em triplicado. Os resultados foram expressos como médias ± SEM.

2. Resultados

2.1. Composição química do óleo essencial

A análise GC-MS do óleo essencial de *C.album* (subsp *Striatum*) levou à identificação de 36 compostos orgânicos e bioactivos diferentes que representaram 97,09% do óleo total. O resultado da análise GC-MS está listado em Tablet com base nas suas ordens de eluição. De acordo com os compostos identificados, o óleo essencial contém uma mistura complexa constituída principalmente por hidrocarbonetos mono, di e sesqui-terpenos oxigenados e bicíclicos e também ácidos gordos.

2.2. Atividade antibacteriana do óleo essencial

A atividade antibacteriana contra bactérias multirresistentes (MDR) obtida por poço de ágar e difusão em disco e ensaio de microdiluição (MIC e MBC) é apresentada nos quadros 2, 3 e 4. O resultado da investigação atual revelou uma atividade antibacteriana considerável contra microrganismos MDR. O painel de organismos de teste para o rastreio antibacteriano *in vitro* neste estudo está resumido na Tabela 5.

3. Discussão

Nos últimos tempos, a procura de agentes antibacterianos novos e eficazes tornou-se uma preocupação global muito importante e séria, tendo em conta os níveis crescentes de resistência aos antibióticos entre as espécies de bactérias patogénicas que desafiam continuamente a comunidade científica [22,23]. Por isso, os cientistas estão a procurar mais compostos orgânicos e naturais para esta solução [24].

Um dos esforços desta investigação centra-se na utilização do óleo essencial de plantas medicinais, que há muito tempo tem sido utilizado como remédio para as doenças humanas por conter componentes de valor terapêutico [25]. Os óleos essenciais contêm diversas classes de compostos bioactivos que, por sua vez, são responsáveis por várias propriedades farmacológicas [26,27].

Estes metabolitos secundários desempenham um papel importante nas propriedades medicinais das plantas [28]. Há muitos relatórios disponíveis sobre as propriedades antifúngicas, antivirais, antibacterianas e anti-inflamatórias de extractos de plantas, fracções e óleos essenciais, pelo que as propriedades terapêuticas das plantas medicinais são bem reconhecidas [29,30].

A análise GC-MS identificou um total de 36 compostos que representam 97,9% do óleo. Hidrocarbonetos de ordem superior e hidrocarbonetos oxigenados e bicíclicos mono, di e sesquiterpénicos e também ácidos gordos foram compostos bioactivos notáveis. Usman *et al* (2010) relataram que o a-pineno era o monoterpeno hidrocarboneto mais abundante no óleo. Outros monoterpenos hidrocarbonados encontrados em proporções significativas foram o fi-pineno (6,2 %) e o limoneno (4,2 %). O monoterpeno oxigenado mais abundante no óleo foi o pinano-2-ol (9,9 %). O a-terpineol (6,2 %) e o acetato de linalilo (2,0 %) também ocorreram em quantidades apreciáveis. Os nossos resultados sobre alguns compostos químicos e bioactivos do óleo essencial de *C.album* (subsp *Striatum)* estão de acordo com o estudo anterior. As diferenças nas composições químicas e no conteúdo podem ser atribuídas a vários factores, tais como diferentes métodos de extração do óleo essencial, clima, variações sazonais, condições geográficas, espécies vegetais, fase de crescimento da planta e muitos outros factores [31,32].

É imperativo que sejam desenvolvidos agentes antibacterianos menos dispendiosos para curar todos os doentes, independentemente do seu estatuto financeiro, pelo que as plantas medicinais podem ser a melhor opção.

Como mencionámos anteriormente, alguns medicamentos são conhecidos pelas suas propriedades antibacterianas, mas a sua eficácia contra as bactérias MDR não está bem documentada na literatura medicinal. *O C.album* (subsp *Striatum)* tem sido utilizado localmente pelas suas propriedades tradicionais e medicinais, no entanto, a sua eficácia contra bactérias MDR não foi estudada, pelo que, neste estudo, pretendemos chamar a atenção da comunidade científica para a atividade antibacteriana do óleo essencial e proporcionar o desenvolvimento de novos medicamentos a partir de produtos naturais, porque acreditamos que os seus constituintes podem ser considerados no futuro para mais investigações clínicas e como adjuvantes dos medicamentos actuais.

O presente estudo utilizou os métodos de difusão em disco e em poço de ágar, bem como o método de microdiluição, como testes antibacterianos, uma vez que se trata de um método de referência quantitativo utilizado rotineiramente em laboratórios clínicos. Neste método, os painéis de suscetibilidade em placas de microtitulação de 96 poços continham várias concentrações de antimicrobianos inoculados nos poços das placas de microtitulação e incubados de um dia para o outro a 37°C. Em comparação com os métodos baseados em ágar, a microdiluição em caldo pode reduzir muito o trabalho e o tempo [33]

A concentração elevada de óleo essencial mostrou atividade antibacteriana contra oito espécies diferentes de bactérias MDR em todos os métodos aplicados. O valor mais pequeno da concentração não foi tão eficaz como a concentração de valor elevado e não mostrou qualquer atividade antibacteriana. Houve excepções, por exemplo, a estirpe da bactéria *S.aureus* no método de difusão em disco, em que a pequena concentração de óleo essencial foi eficaz e observámos uma zona de inibição à volta do disco. De um modo geral, tem-se presumido que as actividades antibacterianas dos extractos de plantas herbáceas e dos óleos essenciais se concentram nas estruturas e também nas membranas celulares e, devido à presença de vários compostos bioactivos e perfis químicos extensos, é provável que a potência antimicrobiana não seja causada apenas por um mecanismo solitário, mas sim por vários eventos a nível celular [34].

O C.album (subsp *Striatum)* mostrou actividades antagonistas significativas contra bactérias Grampositivas e Gram-negativas MDR. Os valores variáveis de difusão em ágar e em disco, MIC e MBC podem ser atribuídos ao mecanismo de defesa reforçado adquirido pelas espécies de bactérias MDR.

Os dados apresentados neste estudo descrevem a atividade antimicrobiana de largo espetro do óleo essencial de *C.album* (subsp *Striatum)* como um agente antibacteriano novo e rentável contra bactérias MDR e também fornecem uma base para reavivar a investigação sobre a diversidade biofarmacêutica dos óleos essenciais. São necessários estudos adicionais e complementares sobre o rastreio fitoquímico, a análise fisiológica, o isolamento, a purificação e a quantificação dos componentes bioactivos para a sua avaliação *in vivo*.

Conflito de interesses

Os autores declaram que não têm interesses concorrentes.

Agradecimentos

Gostaríamos de expressar a nossa profunda gratidão à Sra. Pourali e à Sra. Ahmadi (Centro de Investigação em Biologia Molecular, Universidade de Ciências Médicas de Baqiyatallah) por terem fornecido estirpes microbianas e as comodidades necessárias para a realização desta investigação.

Referências

1.   Emad El Din GG, Esmaiel NM, Salem MZ e Gomaa SE: Rastreio in vitro da atividade antimicrobiana de alguns extractos de sementes de plantas medicinais. Jornal Internacional de Biotecnologia para Indústrias de Bem-Estar 2016; 5:142-152.

2.   Srinivas P, Reddy, SR: Rastreio do princípio e da atividade antibacteriana de *Aerva javanica* (Burm. f) Juss. ex Schult. Asian Pacific Journal ofTropical Biomedicine 2012; 2: S838-S845.

3.   Abew B, Sahile S e Moges F: Atividade antibacteriana in vitro de extractos de folhas de *Zehneria scabra* e *Ricinus communis* contra *Escherichia coli* e *Staphylococcus aureus* resistente à meticilina. Asian Pacific Journal ofTropical Biomedicine 2014; 4: 816-820.

4.   Oluduro AO: Avaliação das propriedades antimicrobianas e do potencial nutricional das folhas de *Moringa oleifera* Lam. no sudoeste da Nigéria. Jornal Malaio de Microbiologia 2012; 8: 59-67.

5.   Simmons K, Islam, MR, Rempel H, Block G, Topp E e Diarra MS: Resistência antimicrobiana de Escherichia fergusonii isolada de frangos de carne. Jornal de proteção alimentar 2016; 79: 929938.

6.   Wikaningtyas P e Sukandar EY: A atividade antibacteriana de plantas seleccionadas em relação a bactérias resistentes isoladas de espécimes clínicos. Asian Pacific Journal ofTropical Biomedicine 2016; 6: 1619.

7.   Djeussi DE, Noumedem JA, Seukep JA, Fankam AG, Voukeng IK, Tankeo SB, Nkuete AH e Kuete V: Actividades antibacterianas de extractos de plantas comestíveis seleccionadas contra bactérias Gramnegativas multirresistentes. BMC complementary and alternative medicine 2013; 13: 1.

8.   Karamian R e Ghasemlou F; Rastreio do teor total de fenóis e flavonóides, actividades antioxidantes e antibacterianas dos extractos metanólicos de três espécies de Silene do Irão. Revista Internacional de Agricultura e Ciências Agrícolas 2013; 5: 305.

9.   Neto JJL, de Almeida TS, de Medeiros, JL, Vieira LR, Moreira TB, Maia AIV, Ribeiro PRV, de Brito ES, Farias DF e Carvalho AFU: Impacto da bioacessibilidade e biodisponibilidade dos compostos fenólicos em sistemas biológicos sobre a atividade antioxidante do extrato etanólico das sementes de *Triplaris gardneriana*. Biomedicina &

Farmacoterapia 2017; 88: 999-1007.

10.   Stankovic N, Mihajilov-Krstev T, Zlatkovic B, Stankov-Jovanovic V, Mitic V, Jovic J, Comic L, Kocic B e Bernstein N: Atividade antibacteriana e antioxidante de plantas medicinais tradicionais da Península Balcânica. NJAS-Wageningen Journal ofLife Sciences 2016; 78: 21-28.

11.   Sun Ln, Lu Lx, Qiu XI e Tang Yl: Desenvolvimento de filmes ativos antioxidantes de polietileno de baixa densidade contendo a-tocoferol carregado com sílica mesoporosa MCM-41 (Mobil Composition of Matter No. 41). Food Control 2017; 71: 193-199.

12.   Esfahan EZ, Assareh MH, Jafari M, Jafari AA, Javadi SA e Karimi G: Efeitos fenológicos na qualidade da forragem de duas espécies de halófitas Atriplex leucoclada e Suaeda vermiculata em quatro pastagens salinas do Irão. Journal ofFood, Agriculture & Environment 2010; 8: 999.

13.   Tawfik WA, Abdel-Mohsen MM, Radwan HM, Habib AA e Yeramian MA: Investigações fitoquímicas e biológicas de Atriplix semibacatar Br. que cresce no Egipto. Jornal Africano de Medicinas Tradicionais, Complementares e Alternativas 2011; 8.

14.   Nejma AB, Nguir A, Jannet HB, Daich A, Othman M e Lawson AM: Novo septanosídeo e derivado de septanosídeo 20-hidroxiecdysone de raízes de Atriplex portulacoides com actividades biológicas preliminares. Bioorganic & medicinal chemistry letters 2015; 25:1665-1670.

15.   Nowak R, Szewczyk K, Gawlik-Dziki U, Rzymowska J e Komsta E: Potencial antioxidante e citotóxico de algumas espécies de Chenopodium L. que crescem na Polónia. Saudijoumal of biological sciences 2016; 23: 15-23.

16.   Repo-Carrasco-Valencia R, Hellstrom JK, Pihlava JM e Mattila PH: Flavonóides e outros compostos fenólicos em grãos indígenas andinos: Quinoa (Chenopodium quinoa), kaniwa (Chenopodiumpallidicaule) ekiwicha (Amaranthus caudatus). Food Chemistry 2010; 120: 128-133.

17.   Lohdip A e Ugwu C: Escaneamento fitoquímico e antimicrobiano dos extractos de água e clorofórmio das sementes de chenopodium ambrosioides (linn). Jornal da Sociedade Química da Nigéria 2017;41.

18.   Gawlik-Dziki U, Swieca M, Sulkowski M, Dziki D, Baraniak B e Czyz J: Actividades antioxidantes e anticancerígenas de extractos de folhas de Chenopodium quinoa - estudo in vitro. Toxicologia alimentar e química 2013; 57: 154-160.

19.	Wu Y, Hu H, Wang, C, Ma S e Zhang L: Na otimização da extração assistida por ultrassom de compostos flavonóides do caule de Chenopodium hybridum L. com metodologia de superfície de resposta, IOP Conference Series: Ciências da Terra e do Ambiente, IOP Publishing 2016; 12-13.

20.	Sturm DJ, Kunz C e Gerhards R: Efeitos inibitórios da cobertura vegetal na germinação e crescimento de Stellaria media (L.) Vill., Chenopodium album L. e Matricaria chamomilla L. Crop Protection2016; 90: 125-131.

21.	Ibrahim B, Sowemimo A, Van rooyen A e Van de Venter M: Actividades anti-inflamatórias, analgésicas e antioxidantes de Cyathula prostrata (Linn.) Blume (Amaranthaceae). Jornal de etnofarmacologia 2012; 141: 282-289.

22.	Mneimne M, Baydoun S, Nemer N e Arnold A: Composição química e atividade antimicrobiana de óleos essenciais isolados de partes aéreas de Prangos asperula Boiss. (Apiaceae) Crescendo selvagem no Líbano. Pesquisa de Plantas Medicinais 2016; 6.

23.	Balouiri M, Sadiki M e Ibnsouda SK: Métodos de avaliação in vitro da atividade antimicrobiana: A review. Journal ofPharmaceuticalAnalysis 2016; 6: 71-79.

24.	Kang CG, Hah DS, Kim CH, Kim YH, Kim E e Kim JS: Avaliação da atividade antimicrobiana dos extractos de metanol de 8 plantas medicinais tradicionais. Toxicological research 2011;27:31.

25.	Pelz K, Wiedmann-Al-Ahmad M, Bogdan C e Otten JE: Análise da atividade antimicrobiana dos anestésicos locais utilizados para analgesia dentária. Journal of medical microbiology 2008; 57: 8894.

26.	Perez C e Anesini C: Atividade antibacteriana de plantas alimentares contra o crescimento de Staphylococcus aureus. The Americanjoumal of Chinese medicine 1994; 22: 169-174.

27.	Sanchez-Moreno C, Larrauri JA e Saura-Calixto FA: procedimento para medir a eficácia antirradicalar dos polifenóis. Journal of the Science ofFood and Agriculture 1998; 76: 270-276.

28.	Karamian R e Ghasemlou F: Rastreio do teor total de fenóis e flavonóides, actividades antioxidantes e antibacterianas dos extractos metanólicos de três espécies de silene do Irão. Revista Internacional de Agricultura e Ciências Agrícolas 2013; 5:305-312.

29.	Jiang GH, Nam SH, Yim SH, Kim YM, Gwak HJ e Eun JB: Alterações no teor total de fenólicos e flavonóides e actividades antioxidantes durante a produção de sumo concentrado de peras asiáticas (Pyrus pyrifolia Nakai). Ciência

Alimentar e Biotecnologia 2016; 25: 47-51.

30.   Beta T, Nam S, Dexter J e Sapirstein HD: Conteúdo fenólico e atividade antioxidante do trigo perolado e das frações moídas em rolo. LWT-Ciência e Tecnologia Alimentar 2017; 78, 151-159.

31.   Dinzedi M, Okou O, Akakpo-Akue M, Guessennd K, Toure D e Nguessan J: Atividade Anti *Staphylococcus aureus* do Extrato Aquoso e da Fração Hexânica de *Thonningia sanguinea* (Cote ivoire). Jornal Internacional de Farmacognosia e Pesquisa Fitoquímica 2015; 7: 301-306.

32.   Chi-Cheng L, Lee K, Xiao Y, Ahmad N, Veeraraghavan B e Thamlikitkul V :., Alta carga de resistência a medicamentos antimicrobianos na Ásia. J Glob Antimicrob Resist 2014; 2: 318-21.

33.   Mustafa SB, Mehmood Z, Akhter N, Kauser A, Hussain I, Rashid A, Akram M, Tahir IM, Munir N e Riaz M: Plantas medicinais e gestão da Diabetes Mellitus: A review. Pak. J. Pharm. Sci2016;, 29: 1885-1891.

34.   Williams PG, Appavoo MR, Lal NB, Aravind A e Williams GP: Atividade antibacteriana e análise fitoquímica de briófitas selecionadas contra patógenos bacterianos resistentes à penicilina. South Indian Journal ofBiological Sciences 2016; 2: 347-353.

35.   Zare K, Nazemyeh H, Lotfipour F, Farabi S, Ghiamirad M e Barzegari A: Atividade Antibacteriana e Conteúdo Fenólico Total das Sementes de *Onopordon acanthium* L. Ciências farmacêuticas 2014; 20: 6-11.

36.   Marjorie M: Produtos vegetais como agentes antimicrobianos. Clin Microbiol Rev 1999; 12: 564-582.

37.   El-Gharbaoui A, Benitez G, Gonzalez-Tejero MR, Molero-Mesa J e Merzouki A: Comparação dos usos medicinais de *Lamiaceae* no leste de Marrocos e no leste da Andaluzia e no Compêndio de Medicamentos Simples de Ibn al-Baytar (século XIII dC). Journal ofEthnopharmacology 2017; 202: 208-224.

38.   Balaji P, Senthilraj R, Janakiraman K, Venkatachalam V, Sivakkumar T e Kannan K: rastreio fitoquímico preliminar e atividade antimicrobiana de extractos aquosos de folhas de *enicostema axillare* e casca de raiz de toddalia asiatica. Pharma Science Monitor 2016; 7.

39.   Wuthiekanun V, White NJ, Amomchai P, Day NP e Limmathurotsakul D: Controlos de qualidade para testes de difusão de disco antimicrobiano *em* ágar *Leptospira Vanaporn Wuthiekanun*. Transacções da Sociedade Real de Medicina e Higiene Tropical 2016.

40.   Farzaneh V e Carvalho IS: Uma revisão dos potenciais de benefícios para a saúde das infusões de plantas herbáceas e seu mecanismo de ação. Industrial Crops and Products 2015; 65: 247-258.

41.   Asadi-Samani M, Kooti W, Aslani E e Shirzad H: Uma revisão sistemática das plantas medicinais do Irão com efeitos anticancerígenos. Jornal de medicina complementar e alternativa baseada em evidências 2016; 21:143-153.

42.   Krishnappa NP, Basha SA, Negi PS e Prasada Rao UJ: Composição de ácido fenólico, atividades antioxidantes e antimicrobianas de exsudato de grama verde *(yigna radiata)*, casca e sementes germinadas de diferentes estágios. Journal ofFood Processing and Preservation 2017.

43. Bali EB, Acik L, Akca G, Sarper M, Elci MP, Avcu F e Vural M: Atividade antimicrobiana contra bactérias periodontopatogénicas, efeitos antioxidantes e citotóxicos de vários extractos da *Thermopsis turcica* endémica. Jornal do Pacífico Asiático de biomedicina tropical 2014; 4: 505-514

44. P Srinivas, SRR. (2012). Triagem para o princípio antibacteriano e atividade de Aerva javanica (Burm .f) Juss. ex Schult.*Asian Pac J Trop Biomed.* 838-845.

45. Abew, B., Sahile, S., Moges, F. (2014). Atividade antibacteriana in vitro de extratos de folhas de Zehneria scabra e Ricinus communis contra Escherichia coli e Staphylococcus aureus resistente à meticilina._Asian *Pac J Tropical Biomed.* 4(10):816-820.

46. Oluduro, AO. (2012). Avaliação das propriedades antimicrobianas e do potencial nutricional das folhas de Moringa oleifera Lam. no sudoeste da *Nigéria. Malaysian J Microbioly.* 8(2):59-67.

47. Sokovic, M., Glamoclija, J., Marin, P.D., et al. (2010). Efeitos antibacterianos dos óleos essenciais de ervas medicinais comummente consumidas utilizando um *modelo* in vitro. *Molecule.* 15(ll):7532-7546.

48. Poppe, C., Martin, L., Gyles, C., et al. (2005). Aquisição de resistência a cefalosporinas de espetro alargado por Salmonella enterica subsp. enterica serovar Newport e Escherichia coli no *trato* intestinal de perus. *Appl and environm microbiol.* 71(3):1184-1192.

49. Wikaningtyas, P., Sukandar, E.Y. (2016). A atividade antibacteriana de plantas seleccionadas em relação a bactérias resistentes isoladas de espécimes clínicos. *Asian Pac J Trop Biomed.* 6(1):16-19.

50. Djeussi, D.E., Noumedem, J.A., Seukep, J.A., et al. (2013). Actividades antibacterianas de extractos de plantas comestíveis seleccionadas contra bactérias Gram-negativas multirresistentes. *BMC complement and altern med.* 13(1):1.

51. Akthar, M.S., Degaga, B., Azam, T. (2014). Atividade antimicrobiana de óleos essenciais extraídos de plantas medicinais contra os microrganismos patogénicos: uma revisão. *Questões em Biolog Sci e Pharmaceutical Res.* 2(l):l-7.

52. Properzi, A., Angelini, P., Bertuzzi, G., et al. (2013). Algumas atividades biológicas de *óleos* essenciais. *Med Aromat Plants.* 2(5): 136.

53. Bassole, I.H.N., Juliani, H.R. (2012). Óleos essenciais em combinação e suas propriedades antimicrobianas. *Molecules.* 17(4):3989-4006.

54. Esfahan, E.Z., Assareh, M.H., Jafari, M., et al. (2010). Phenological effects on forage quality of two halophyte species Atriplex leucoclada and Suaeda vermiculata in four saline rangelands of Iran. *J Food, Agri & Environ.* 8(3&4):999.

55. Tawfik, W.A., Abdel-Mohsen, M.M., Radwan, H.M., et al. (2011).Investigações fitoquímicas e biológicas de Atriplix semibacatar Br. que cresce no Egipto. *African J Trad, Complement and Altern Med.* 8(4).

56. Nejma, A.B., Nguir, A., Jannet, H.B., et al. (2015). Novo septanosídeo e derivado de septanosídeo 20-hidroxiecdysone de raízes de Atriplex portulacoides com atividades biológicas preliminares. *Bioorg & med chem letters.* 25(8):1665-1670.

57. Nowak, R., Szewczyk, K., Gawlik-Dziki, U., et al. (2016). Potencial antioxidante e citotóxico de algumas espécies de Chenopodium L. que crescem na Polónia. *Saudi J Biolog Sci.* 23(1):15-23.

58. Repo-Carrasco-Valencia, R., Hellstrom, J.K., Pihlava, J-M., et al. (2010). Flavonóides e outros compostos fenólicos em grãos indígenas andinos: Quinoa (Chenopodium quinoa), kaniwa (Chenopodium pallidicaule) e kiwicha (Amaranthus caudatus). *Food Chem.* 120(1):128-33.

59. Bhargava, A., Rana, T., Shukla, S., et al. (2005). Eletroforese de proteínas de sementes de algumas espécies cultivadas e selvagens de Chenopodium. *Biologia Plantarum.* 9(4):505-511.

60. Gawlik-Dziki, U., Swieca, M., Sulkowski, M., et al. (2013). Actividades antioxidantes e anticancerígenas de extractos de folhas de Chenopodium quinoa - estudo in vitro. *Food and Chem Toxicol.* 57:154-160.

61. Perez, C., Anesini, C. (1994). Atividade antibacteriana de plantas alimentares contra o crescimento de Staphylococcus aureus. *The American J Chinese med.* 22(02):169-74.

62. Kang, C-G., Hah, D-S., Kim, C-H., et al. (2011). Avaliação da atividade antimicrobiana dos extractos de metanol de 8 plantas medicinais tradicionais. *Toxicol rese.* 27(1):31.

63. Pelz, K., Wiedmann-Al-Ahmad, M., Bogdan, C., et al. (2008). Analysis of the antimicrobial activity oflocal anaesthetics used for dental analgesia. *J medical microbiol.* 57(1):88-94.

64. Dinzedi, M., Okou, O., Akakpo-Akue, M., et al. (2015). Atividade Anti Staphylococcus aureus do Extrato Aquoso e da Fração Hexânica de Thonningia sanguinea (Cote ivoire). *Revista Internacional de Farmacognosia e Pesquisa Fitoquímica.* 7(2):301-306.

65. Chi-Cheng L, Lee K, Xiao Y, et al. (2014). Elevado peso da resistência aos medicamentos

antimicrobianos na Ásia. *J Glob Antimicrob Resist.* 2(4):318-321.

66. Villasenor, I.M., Lamadrid, M.R.A., (2006). Potenciais anti-hiperglicémicos comparativos de plantas medicinais. *JEthnopharmacol,* 104(l):129-31.

67. Adegoke, A.A., Adebayo-Tayo, B.C. (2009). Atividade antibacteriana e análise fitoquímica de extractos de folhas de Lasientheraafricanum.*A/rican JBiotechnol.* 8(l):77-80.

68. Zare, K., Nazemyeh, H., Lotfipour, F., Farabi, S., Ghiamirad, M., Barzegari, A. (2014). Atividade antibacteriana e conteúdo fenólico total das sementes de Onopordon acanthium L.. *Pharm Sci.* 20(l):6-ll.

69. Marjorie, M. (1999). Produtos vegetais como agentes antimicrobianos. *Clin Microbiol Rev.* 12:564-82.

70. Koochak, H., Seyyednejad, S. M., Motamedi, H. (2010). Estudo preliminar sobre a atividade antibacteriana de algumas *plantas* medicinais. *Asian Pac J Trop Med.* 180-84.

71. Samy, R.P. (2000). Ignacimuthu S. Antibacterial activity of some folklore medicinal plants used by tribals in Western Ghats in India. *JEthnopharmacol.* 69:63-71.

72. Behera, S.K., Misra, M.K. (2005). Fitoterapia indígena para doenças genito-urinárias utilizada pela tribo Kandha de Orissa, Índia. *JEthnopharmacol.* 102:319-25.

73. Lv, F., Liang, H., Yuan, Q., et al. (2011). Efeitos antimicrobianos in vitro e mecanismo de ação de combinações de óleos essenciais de plantas seleccionadas contra quatro microrganismos relacionados com alimentos. *Food Res Int.* 44(9):3057-64.

74. Burt, S.A., Vlielander, R., Haagsman, H.P., et al. (2005). Aumento da atividade dos componentes do óleo essencial carvacrol e timol contra Escherichia coli 0157: H7 por adição de estabilizadores alimentares. *J Food Protection.* 68(5):919-26.

75. Wayne, P. (2006). Instituto de Normas Clínicas e Laboratoriais: Performance Standards for Antimicrobial Disk Susceptibility Tests (Normas de desempenho para testes de suscetibilidade de discos antimicrobianos). *Norma aprovada M2 A9, Instituto de Normas Clínicas e Laboratoriais* 2006.

76. Farzaneh, V., Carvalho, I.S.(2015). Uma revisão dos potenciais de benefícios para a saúde das infusões de plantas herbáceas e seu mecanismo de ação. *Culturas e Produtos Industriais.* 65:247-58.

Tabela 1. Composição química do óleo essencial de _C.album_ (Subsp _Striatum_)

Não	Compostos químicos	Fórmula	Índice de retenção de Kovats	Área de pico (%)
1	Ciclo-hexano, metil-	C7H14	755	9.55
2	Heptano, 3-metil-	C8H18	775	8.61
3	Octano	C8H18	800	8.32
4	a-pineno	CioHie	933	1.21
5	h-pineno	CioHie	976	0.87
6	Decano	C10H22	999	8.11
7	linalol	C10H18O	1098	1.94
8	a-terpineol	C10H18O	1198	1.57
9	Ascaridol	C10H16O2	1237	1.44
10	2(1H)-naftalenona, octa-hidro-8a-metil-, trans-	CIIHI8O2	1279	2.66
11	Carvacrol	C10H14O	1298	0.82
12	Tetradecano	C14H30	1399	7.01
13	P-cariofileno	C15H24	1467	1.44
14	P-Ionona	C13H20O	1494	0.59
15	Epóxido de isoaromadendreno	C15H24O	1590	1.32
16	Isovalerato de geranilo	C15H26O2	1599	1.41
17	4-(6,6-Dimetil-l -ciclohexen-l-il)-3 -buten-2-ona	C12H18O	1609	0.91
18	4-Acoren-3-ona	C15H24O	1649	0.23
19	Tetradecano, 2,6,10-trimetil-	C17H36	1700	8.49

20	Octadecano	C18H38	1800	4.11
21	Fitano	C20H42	1812	0.78
22	Palmitato de metilo	C17H34O2	1908	0.61
23	Ftalato de dibutilo	C16H22O4	1922	0.23
24	2-Piperidinona, N-[4-bromo-n-butil]-	C9H16BrNO	1974	1.32
25	10-Octadecenal	C18H34O	1977	3.36
26	Eicosano	C20H42	2000	1.78
27	12-Metil-E,E-2,13 -octadecadien-1 -ol	C19H36O	2052	2.06
28	Álcool oleílico	C18H36O	2060	1.493
29	Oleato de metilo	C19H40	2085	0.71
30	Fitol	C20H400	2105	3.07
31	ácido linolénico	C18H30O2	2122	2.53
32	Linolenato de glicerilo	C21H36O4	2161	0.93
33	2H-pirano, 2-(7-heptadeciniloxi)tetra-hidro	C22H40O2	2566	0.63
34	Meadowlactona	C20H38O2	2573	0.83
35	Heptacosano	C27H56	2700	4.84
36	Disogenina	C27H42O3	3220	1.31
Total				**97.09**

Tabela 2. Efeito antibacteriano do óleo essencial de *C. album (subsp. Striatum)* por difusão em ágar em seis concentrações diferentes (35, 40, 45, 50, 55 e 60 mg/ml, respetivamente)

Bactérias	Zona de inibição (mm)
	Concentrações (mg/ml)

	60	55	50	45	40	35
E.coli	12±0.6	12±0.0	10±0.0	8±1.0	-	-
Sh. flexeneriae	10±0.0	8±0.6	7±0.6	-	-	-
Sh.sonnei	12±0.6	9±0.6	-	-	-	-
Sh.dysenteriae	13±1.0	10±0.0	7±0.6	-	-	-
S.infantis	11±0,6	8±0.6	8±0.0	-	-	-
S. enteritidis	7±0.6	-	-	-	-	-
S. typhimurium	15±1.0	11±0,6	11±1,0	9±0.0	-	-
S.aureus	12±0.6	10±0.0	8±0.0	7±1.0	-	-

Tabela 3. Efeito antibacteriano do óleo essencial de *C. album (subsp. Striatum)* por difusão em disco de ágar em seis concentrações diferentes (35, 40, 45, 50, 55 e 60 mg/ml, respetivamente)

Bactérias	**Zona de inibição (mm)**					
	Concentrações (mg/ml)					
	60	**55**	**50**	**45**	**40**	**35**
E.coli	13±0.6	13±1.0	11±0,6	10±0.0	-	-
Sh. flexeneriae	12±0.6	11±1,0	9±1.0	9±0.6	8±0.6	-

Sh.sonnei	14±0.0	12±0.6	ll±0,6	10±0.6	8±0.0	-
Sh.dysenteriae	14±1.0	ll±0,0	9.± 0.6	8±0.0	-	-
S.infantis	12±1.0	ll±1,0	9±0.6	8±0.0	8±0.0	-
S. enteritidis	9±0.0	8±0.6	8±0.6	-	-	-
S. typhimurium	16±0.6	14±0.0	12±1.0	100.6±	8±0.6	-
S.aureus	14±1.0	13±1.0	ll±0,6	9±0.6	7±0.6	7±0.0

Tabela 4. CIM e MBC do óleo essencial de *C. album (subsp. Striatum)* contra diferentes estirpes bacterianas

Bactérias	MIC	MBC
E.coli	1.25	2.5
Sh. flexeneriae	2.5	5
Sh.sonnei	1.25	2.5
Sh.dysenteriae	0.62	1.25
S.infantis	2.5	5
S. enteritidis	Nd*	Nd
S. typhimurium	0.31	0.62

| S. *aureus* | 1.25 | 2.5 |

Tabela 5. Painel de organismos de teste para o rastreio antibacteriano *in vitro*

Espécies	Padrão de resistência aos antibióticos
Staphylococcus aureus	AN, AZM, FOX, CP
E. coli	AZM, CPM, CRO, CAZ, CTX, AM
Sh. flexneri	AMC, NA, CAZ, AM, TIC, CTX, CRO, TE, S, SXT, CF
Sh. sonnei	AMC, AM, TOB, TIC, CTX, CRO, TE, S, SXT
Sh. dysenteriae	AMC, AM, TIC, CTX, CRO, K, GM
S. infantis.	AMC, NA, CAZ, AM, TIC, CTX, CRO,CT, PIP, D, TE, S, SXT, CF
S. enteritidis	AMC, NA, AM, PIP, D, TE, SXT
S. typhimurium	AMC, AM, PIP, TE, S, C

AN: Amicacina, AZM: Azitromicina, FOX: Cefoxitina, CPM: Cefpiramida, CP: Ciprofloxacina, CRO: Ceftriaxona, CAZ: Ceftazidima, CTX: Cefotaxima AM: Ampicilina, AMC: Amoxicilina-ácido clavulânico, NA: Ácido nalidíxico, TIC: Ticarcilina, TE: Tetraciclina, S: Estreptomicina, SXT: Trimetoprimsulfametoxazol, CF: Cefalotina, TOB: Tobramicina, K: Canamicina, GM: Gentamicina, CT: Ceftizoxima, PIP: Piperacilina, D: Doxicilina, C: Cloranfenicol

I want morebooks!

Buy your books fast and straightforward online - at one of world's fastest growing online book stores! Environmentally sound due to Print-on-Demand technologies.

Buy your books online at
www.morebooks.shop

Compre os seus livros mais rápido e diretamente na internet, em uma das livrarias on-line com o maior crescimento no mundo! Produção que protege o meio ambiente através das tecnologias de impressão sob demanda.

Compre os seus livros on-line em
www.morebooks.shop

Printed by Books on Demand GmbH, Norderstedt / Germany